BIOSSEGURANÇA
em Estabelecimentos
de Beleza e Afins

Alcidarta – Cirurgia Dermatológica em Consultório

Alcidarta – Cirurgia Dermatologica em Consultório – segunda edição

Alves – Dicionário Médico Ilustrado Inglês-Português

APM-SUS – O Que Você Precisa Saber sobre o Sistema Único de Saúde

APM-SUS – Por Dentro do SUS

Atala – UNIFESP – Manual do Clínico para o Médico Residente

Barcauí – Dermatoscopia

Basílio – ATLAIDS – Atlas de Patologia da Síndrome da Imunodeficiência Adquirida

Bedin – Cabelo – Tudo o que você precisa saber

Belda Júnior – Doenças Sexualmente Transmissíveis

Belda Júnior – Doenças Sexualmente Transmissiveis – 2ª edição

Bonaccorsi – Disfunção Sexual Masculina – Tudo o Que Você Precisa Saber

Brandão Neto – Prescrição de Medicamentos em Enfermaria

Carvalho Argolo – Guia de Consultório - Atendimento e Administração

Clementino Fraga – Evocações

Cucé e Festa – Manual de Dermatologia 2ª ed.

Decourt – A Didática Humanista de um Professor de Medicina

Doyle Maia – Faculdade Nacional de Medicina

Drummond – Dor – O Que Todo Médico Deve Saber

Drummond – Medicina Baseada em Evidências 2ª ed.

Elias Knobel – Memórias em Espanhol

Fisberg e Medeiros – Adolescência... Quantas Dúvidas!

Giavina – Alergias

Goldenberg – Coluna: Ponto e Vírgula 7ª ed.

Gottschall – Do Mito ao Pensamento Científico 2ª ed.

Gottschall – Pilares da Medicina

Hospital Israelita Albert Einstein – Protocolos de Conduta do Hospital Israelita Albert Einstein

Izamar – Dermatopatologia

Jatene – Medicina, Saúde e Sociedade

Jopling – Manual de Hanseníase 2ª ed.

Knobel – Memórias Agudas e Crônicas de uma UTI

Levene – Atlas de Dermatologia em Cores – Morfologia das Lesões Individuais; Distribuição, Agrupamento ou Disposição das Lesões

Lopes – Clínica Médica – Equilíbrio Ácido-base e Distúrbio Hidroeletrolítico 2ª ed.

Lottenberg – A Saúde Brasileira Pode Dar Certo

Marcopito Santos – Um Guia para o Leitor de Artigos Científicos na Área da Saúde

Maria Paulina – Dermatologia Estética

Maria Paulina – Dermatologia Estética – segunda edição

Medronho – Epidemiologia 2ª ed.

Morales – Terapias Avançadas – Células-tronco

Negreiros – Alergologia Clínica

Novais – Como Ter Sucesso na Profissão Médica – Manual de Sobrevivência 3ª ed.

Nuno Pereira – Catálogo das Principais Plantas Responsáveis por Acidentes Tóxicos

Nurimar – Rotinas da Enfermaria de Dermatologia da Faculdade de Medicina da UFRJ

Pereira – Propedêutica das Doenças do Cabelo e Couro Cabeludo

Perrotti-Garcia – Curso de Inglês Médico

Perrotti-Garcia – Dicionário Português-Inglês de Termos Médicos

Perrotti-Garcia – Grande Dicionário Ilustrado Inglês-Português de Termos Odontológicos e de Especialidades Médicas

Pompeu, Focaccia e Vieira – Atlas de DST – Guia Prático e Dificuldades no Diagnóstico/Atlas de EST – Uno Guia Práctico para las Dificultades en el Diagnóstico (edição bilíngüe Português/Espanhol)

Protasio da Luz – Medicina um olhar para o futuro

Protásio da Luz – Nem Só de Ciência se Faz a Cura 2ª ed.

Ramires – Didática Médica – Técnicas e Estratégias

Ramos e Silva – Fundamentos de Dermatologia

Sanvito – As lembranças que não se apagam

Schettino – Doenças Exantemáticas em Pediatria e Outras Doenças Mucocutâneas

Segre – A Questão Ética e a Saúde Humana

Sylvia Vargas – 1808-2008 – Faculdade de Medicina

Soc. Bras. Clínica Médica – Série Clínica Médica Ciência e Arte

Lopes – Equilíbrio Ácido-base e Hidroeletrolítico 2ª ed. revista e atualizada

Viana Leite – Fitoterapia – Bases Científicas e Tecnológicas

Vilela Ferraz – Dicionário de Ciências Biológicas e Biomédicas

Vincent – Internet – Guia para Profissionais da Saúde 2ª ed.

Walter Tavares – Antibióticos e Quimioterápicos para o Clínico (Livro Texto e Livro Tabelas)

Xenon – Xenon 2008 – O Livro de Concursos Médicos (2 vols.)

Zago Covas – Células-tronco

BIOSSEGURANÇA
em Estabelecimentos
de Beleza e Afins

Janine Maria Pereira Ramos

Graduação em Farmácia- Bioquímica pela Universidade Federal de Santa Catarina – 1992 a 1998; Mestrado em Biotecnologia pela Universidade Federal de Santa Catarina (UFSC) –1998 a 2000; Especialização em Farmácia Magistral pelo Colégio Brasileiro de Estudos Sistêmicos (CBES-PR) – 2002 a 2004; Bioquímica concursada no Hospital das Clínicas do Paraná (HC – PR) – 2003 ; Bioquímica concursada no Hospital Infantil de Itajaí (SC) – 2005; Professora concursada das disciplinas de Microbiologia Básica, Microbiologia Clínica e Controle de Qualidade Microbiológico para o curso de Farmácia da Universidade Tuiuti do Paraná (UTP-PR) – 2000 a 2004; Professora concursada da disciplina de Biossegurança para o curso de Tecnologia em Cosmetologia e Estética da Universidade do Vale do Itajaí (UNIVALI- SC) – 2005 até data atual; Orientações de trabalhos de conclusão de curso de graduação sobre Biossegurança na área da beleza; Pelestras e conferências sobre Biossegurança na área da beleza.

Atheneu

EDITORA ATHENEU

São Paulo — Rua Jesuíno Pascoal, 30
Tel.: (11) 2858-8750
Fax: (11) 2858-8766
E-mail: atheneu@atheneu.com.br

Rio de Janeiro — Rua Bambina, 74
Tel.: (21)3094-1295
Fax: (21)3094-1284
E-mail: atheneu@atheneu.com.br

Belo Horizonte — Rua Domingos Vieira, 319 — conj. 1.104

CAPA: Equipe Atheneu
PRODUÇÃO EDITORIAL: Equipe Atheneu
PROJETO GRÁFICO/DIAGRAMAÇÃO: Triall Composição Editorial Ltda.

Dados Internacionais de Catalogação na Publicação (CIP)
(Câmara Brasileira do Livro, SP, Brasil)

Ramos, Janine Maria Pereira
    Biossegurança em estabelecimentos de beleza e afins / Janine Maria Pereira Ramos. --
São Paulo : Atheneu Editora, 2009.

    Bibliografia.
    ISBN 978-85-388-0099-6

    1. Biossegurança 2. Institutos de beleza - Medidas de segurança I. Título.

09-12667   CDD-646.7200289

Índice para catálogo sistemático:
1. Estabelecimento de beleza : Biossegurança
646.7200289

Dedicatória

"Dedico este livro, fruto do meu trabalho, a duas forças que julgo existir: uma interna, que pode ser chamada de Deus; e outra externa, que pode ser chamada de família e amigos. Especialmente a minha filha Tati, que, por sua curiosidade e criatividade, com certeza será uma futura escritora"

Agradecimentos

Agradeço muitíssimo às pessoas que, de várias maneiras, contribuíram para a execução deste livro:

Daniela Silva e Isabel Deufenback Machado, pela leitura de alguns capítulos e pelas dicas preciosas.

Elaine Watanabe, Denise Moser e Fátima Piazza, pelo gosto ao estudo e aplicação da biossegurança em suas respectivas áreas e o pronto atendimento quando solicitadas.

Maria Enói dos Santos Miranda, pelo constante apoio às questões de biossegurança e incentivo para a realização desta obra.

Gabriella Farina, pela paciente leitura e correção das normas da Língua Portuguesa.

Marli Machado, pela atenção dispensada à revisão das referências bibliográficas.

Eduardo Gomes e Diorgenes Pandini, pela captação e edição das imagens.

Dayanne de Souza, Morgana Besen e Silmara Mendes Hoepers, por ilustrar este livro ao posarem como "modelos" para as imagens.

Introdução

Este livro foi elaborado a partir da constatação — por parte da autora, do corpo docente, dos coordenadores e dos alunos do curso de Tecnologia em Cosmetologia e Estética da Univali-SC — da necessidade de padronizar e implantar medidas básicas de biossegurança inerentes às atividades desenvolvidas em estabelecimentos de beleza, incluindo salões de beleza, centros de estética, institutos, *spas* e afins.

A preocupação com a beleza e a juventude é responsável pela formação de um grande público que procura constantemente os serviços de cosmetologia e estética. Esse público, que atinge diversas faixas etárias e classes econômicas, vem se tornando cada vez mais exigente e informado. Surge, em consequência disso, a necessidade da formação de profissionais preparados, atentos às novas tendências, capacitados e especializados, cuja atuação profissional seja fundamentada em princípios científicos e éticos, abandonando o empirismo que há algum tempo se mostrava tão comum nessa área. A observação de cuidados relacionados à biossegurança consiste em diferencial de mercado para esses profissionais, porque assegura a prática correta de suas atividades, minimizando os riscos químicos, físicos, de acidentes, ergonômicos e de contaminação biológica tão comuns às atividades desenvolvidas no ramo.

A biossegurança consiste em um conjunto de processos funcionais e operacionais de fundamental importância em serviços de saúde e beleza, não só por abordar medidas de controle de infecções para proteção da equipe de profissionais e usuários dos serviços, mas por ter um papel fundamental na promoção da consciência sanitária na comunidade em que atua, da preservação do meio ambiente, na manipulação e no descarte de resíduos e na redução geral de riscos à saúde e acidentes ocupacionais.

A implantação da cultura de valorização do homem e da sua qualidade de vida pode ser promovida por meio da prevenção de acidentes e infecções, que, a princípio, podem ser reduzidos a partir de condutas relativamente simples, mas que devem ser bem estabelecidas, organizadas e padronizadas.

Uma política de biossegurança bem desenvolvida resulta em inúmeros benefícios para a instituição, incluindo os de ordem financeira e social, como o afastamento, o tratamento, a reabilitação de funcionários e os acidentes com clientes. Ao mesmo tempo, promove uma melhor imagem da instituição perante a comunidade.

Atualmente, as normas e condutas de biossegurança estão bem estabelecidas para a área da saúde, como ambientes hospitalares, consultórios médicos e odontológicos, laboratórios e outros, porém carecem de informações na área da beleza. Em virtude disso, as explanações contidas neste livro, em diversos momentos, reportam-se a informações e diretrizes de diferentes áreas, especialmente da área da saúde, sendo que foram adequadas à área da beleza.

Este livro, como instrumento de atualização e aperfeiçoamento, tem como principal desafio compartilhar informações técnico-científicas de biossegurança com os profissionais da área da beleza, permitindo o treinamento e estabelecendo condutas e rotinas padronizadas, visando à redução dos riscos e inferindo qualidade aos procedimentos (no entanto, sem impor normas). A biossegurança não é um processo estanque e conclusivo — ao contrário, deve ser sempre atualizado, supervisionado e deve estar sujeito a mudanças ao longo do tempo e à luz de novas tecnologias.

A autora está consciente das limitações e dificuldades que essas mudanças impõem, e a expectativa é de que se possa qualificar a realidade prática implantada no Laboratório de Cosmetologia e Estética da Univali, agregando conhecimentos e potencializando a resolutividade nas questões relacionadas a condições biosseguras de trabalho na área da beleza.

Janine Maria Pereira Ramos

Sumário

Capítulo 4

Riscos Físicos e de Acidentes 29

Capítulo 5

Riscos Ergonômicos 37

Capítulo 6

Métodos e Agentes de Limpeza, Desinfecção e Esterilização 51

Capítulo 7

Limpeza, Desinfecção e Esterilização de Artigos Utilizados na Área da Beleza 75

Capítulo 8

Limpeza e Desinfecção do Ambiente 89

Capítulo 9

Higienização das Mãos 101

Capítulo 10

Equipamentos de Proteção Individual (EPIs) e Equipamentos de Proteção Coletiva (EPCs) 109

Capítulo 11

Gerenciamento de Resíduos Gerados em Estabelecimentos de Beleza 133

Capítulo 12

Biossegurança e Qualidade 151

Capítulo 13

Requisitos Gerais de Boas Práticas para Atuação na Área da Beleza 167

1

Riscos Relacionados às Atividades de Beleza

1.1 Risco e perigo

Risco é a probabilidade de ocorrer um evento bem definido no espaço e no tempo, que causa dano à saúde, às unidades operacionais, ou dano econômico/financeiro. Já o *perigo* é a expressão de uma qualidade ambiental que apresente características de possível efeito maléfico para a saúde ou para o meio ambiente. Na presença de um perigo não existe risco zero, porém existe a possibilidade de minimizá-lo ou alterá-lo para níveis considerados aceitáveis. Por exemplo, existe perigo no manuseio de determinados produtos químicos ou biológicos, porém o risco dessa atividade pode ser considerado baixo se forem observados todos os cuidados necessários e se forem utilizados os equipamentos de proteção adequados.

Avaliar riscos corresponde aos procedimentos que conduzirão à implementação de ações no sentido de minimizar as consequências danosas dos riscos. Para que isso ocorra, é importante a percepção e o conhecimento dos possíveis prejuízos que a exposição ao risco proporciona.

A Portaria 3.214 do Ministério do Trabalho e Emprego (Brasil, 1978) estabelece as Normas Regulamentadoras (NRs), que são numeradas de 1 a 33, abordando diferentes normativas relativas à segurança e medicina do trabalho, sendo de observância obrigatória pelas empresas privadas e públicas. A NR 09 dessa portaria dispõe sobre o estabelecimento de um programa de prevenção de riscos.

Os *riscos biológicos* incluem bactérias, fungos, parasitas, protozoários, vírus ou substâncias e objetos contaminados por micro-organismos. Os riscos biológicos podem variar de acordo com as características dos micro-organismos, como patogenicidade para o homem, virulência, modos de transmissão, e também dependendo da disponibilidade de medidas profiláticas eficazes, disponibilidade de tratamento eficaz, endemicidade e outros fatores.

Dentre os *riscos químicos* destacam-se substâncias, compostos ou produtos que podem entrar em contato com o organismo por via respiratória, absorvidos pela pele ou por ingestão na forma de gases, vapores, neblinas, poeiras ou que, pela natureza da atividade de exposição, possam ser absorvidos pelo organismo por meio da pele ou por ingestão.

Os *riscos físicos* são definidos como formas de energia a que possam estar expostos os trabalhadores, cujos agentes mais comuns são ruídos, calor, vibrações, pressões anormais, radiações ionizantes ou não, ultrassom e infrassom.

Há ainda a classificação de *riscos de acidentes* que, além dos físicos, químicos e biológicos, destacam-se: arranjo físico deficitário, eletricidade, máquinas e equipamentos, incêndio/explosão, armazenamento, ferramentas e diversas condições com potencial de causar danos aos trabalhadores nas mais diversas formas, levando-se em consideração o não cumprimento das normas técnicas previstas.

Os *riscos ergonômicos* constituem-se em elementos físicos e organizacionais que interferem no conforto da atividade laboral e, consequentemente, nas características psicofisiológicas do trabalhador.

Na área de cosmetologia e estética, diversos riscos potenciais podem ser identificados e classificados no decorrer do desenvolvimento das mais variadas atividades. Por exemplo, o uso prolongado de secador de cabelos pelo profissional da beleza pode constituir-se em risco físico (calor, ruído), ergonômico (posição inadequada, movimentos repetitivos) e risco de acidentes (uso de equipamentos elétricos). Um profissional esteticista facial pode estar sujeito a riscos ergonômicos (posição inadequada, movimentos repetitivos), biológicos (exposição a fluidos orgânicos e secreções) e químicos (exposição a produtos e compostos químicos pela via cutânea ou respiratória).

Conforme mencionado, a maioria dos riscos pode ser prevenida, minimizada ou eliminada por meio da adoção de medidas adequadas de biossegurança.

1.2 Gerenciamento dos riscos

A fim de chamar a atenção das pessoas que trabalham ou frequentam estabelecimentos de beleza é importante que haja uma sistemática de identificação dos riscos existentes em cada setor ou unidade do estabelecimento.

Assim, de acordo com a necessidade e a gravidade dos riscos existentes, é necessária a atuação de pessoal capacitado, visando delinear estratégias de gerenciamento desses riscos. Isso deve ser feito a partir do levantamento da avaliação e do domínio sistemático dos riscos do estabelecimento, fundamentados em princípios humanos, técnicos, legais e econômicos.

Portanto, para o gerenciamento de riscos, inicialmente, devem ser estabelecidas formas de inspeção nas diferentes unidades do estabelecimento. Após identificados, os riscos devem ser avaliados criteriosamente a fim de que se estabeleçam as medidas preventivas cabíveis para cada caso. A implementação dessas medidas deve ser fixada em um plano de biossegurança elaborado especificamente para cada estabelecimento, seguindo cada etapa. A partir da execução desse plano, os riscos devem ser eliminados, minimizados ou prevenidos.

Ao longo dos capítulos deste livro, abordaremos os meios de controle dos riscos aos quais estão expostos as pessoas, os ambientes, os equipamentos e os artigos no interior de um estabelecimento de beleza.

Etapas do plano de biossegurança elaborado para estabelecimento de beleza

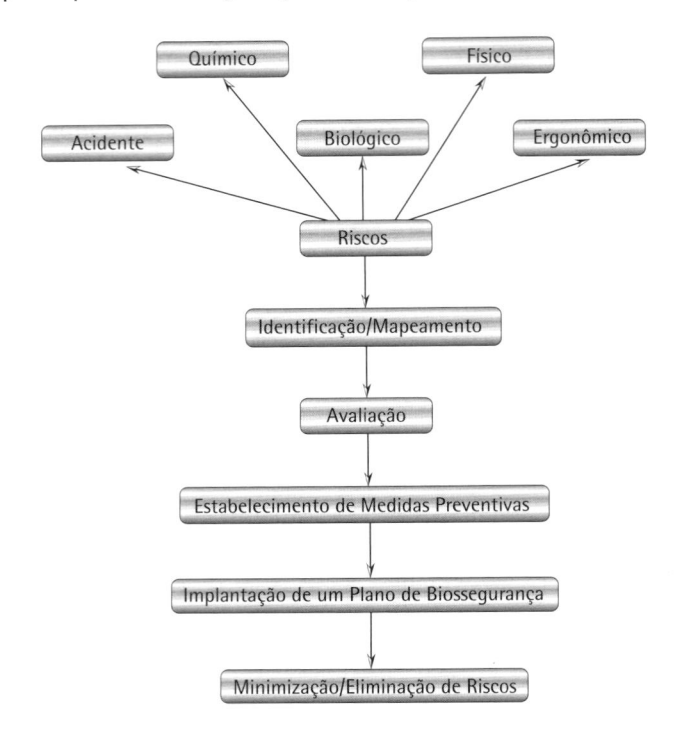

Referências Consultadas

▸ Ministério da Saúde. Saúde ambiental e gestão de resíduos de serviços de saúde. Brasília: MS; 2002.

▸ Ministério do Trabalho e Emprego. NR1 a NR 33. Brasília: MTE; 1978. Disponível em: http://www.mte.gov.br/legislacao/normas_regulamentadoras/default.asp. Acessado em novembro de 2009.

2

Riscos Biológicos

Os *riscos biológicos* abrangem amostras provenientes de seres vivos — bactérias, leveduras, fungos, parasitas — bem como de seres humanos. Em cosmetologia e estética, os riscos biológicos incluem qualquer material contaminado com micro-organismos, como secreções, sangue, anexos cutâneos (pelos, cabelos, unhas, cutículas) e pele não-íntegra.

A avaliação dos riscos biológicos envolve o prévio conhecimento dos micro-organismos mais comuns na transmissão de doenças infecciosas no ambiente de trabalho, para que sejam adotadas depois as medidas cabíveis de biossegurança. A seguir encontram-se informações básicas sobre os principais micro-organismos e as respectivas doenças infecciosas envolvidas nos riscos biológicos inerentes às atividades de beleza.

O microscópio óptico é constituído por uma série de lentes e uma fonte de luz, que permitem ampliar objetos de mil a duas mil vezes. O microscópio eletrônico utiliza feixes de elétrons ao invés de luz e lentes eletromagnéticas, permitindo a formação de eletromicrografias das imagens da amostra muito mais ampliadas que as obtidas por microscópios ópticos.

Milímetro (mm)= 10^{-3} metros
Micrômetro (um)= 10^{-6} metros
Nanômetro (nm)= 10^{-9} metros
Angstron (A)= 10^{-10} metros

Microbiota natural ou normal é o conjunto de micro-organismos que colonizam a pele, as mucosas e os órgãos dos seres humanos. A maioria dos componentes da microbiota normal é inofensiva a indivíduos sadios, porém pode constituir um reservatório de micro-organismos potencialmente patogênicos, especialmente com a queda da imunidade do hospedeiro.

2.1 Os micro-organismos

Os micro-organismos são seres muito pequenos, não sendo possível visualizá-los a olho nu, necessitando do auxílio de um **microscópio**. Dentre os seres microscópicos, temos as bactérias, alguns fungos (leveduras e bolores), os protozoários, as algas microscópicas e os vírus. Estes últimos são tão pequenos que, para visualizá-los, é preciso usar **microscópio** eletrônico. O olho humano é incapaz de perceber um objeto com um diâmetro menor que 0,1 milímetro, a uma distância de 25 centímetros. A maioria dos micro-organismos tem dimensões de **micrômetros**, ao passo que os vírus têm dimensões de **nanômetros**.

Os micro-organismos têm distribuição universal e existem em praticamente todos os ambientes do planeta onde quer que as condições físicas e químicas o permitam. Em seus habitats naturais, suas vidas são influenciadas por interações com as condições físicas e químicas do ambiente e com outras populações de micro-organismos. Apesar de haver milhares de espécies microbianas reconhecidas, estima-se que essas respondam por menos de 5% dos micro-organismos existentes; o restante das espécies permanece a ser estudado.

Os micro-organismos desempenham funções vitais para a manutenção da vida terrestre, sendo os agentes primários de processos de decomposição e reciclagem de matéria orgânica. Associam-se simbioticamente aos seres humanos, colonizando diversos tecidos e órgãos, incluindo pele, mucosas e os tratos respiratório, geniturinário, digestório (facilitando a digestão, sintetizando vitaminas e competindo com micro-organismos patogênicos) e formando a chamada **microbiota natural**. Além disso, são de extrema importância na agricultura, na indústria de bebidas e alimentos e na biotecnologia.

Algumas espécies de micro-organismos, porém, são causadoras de doenças, sendo consideradas **patogênicas**. Até o desenvolvimento da vacinação a partir do fim do século XVIII e do uso dos antibióticos a partir da década de 1940, o homem esteve praticamente indefeso contra as

> Micro-organismos patogênicos são capazes de causar doenças infecciosas em seus hospedeiros, pois possuem componentes celulares capazes de driblar os mecanismos de defesa dos mesmos.

doenças infecciosas. Somente a partir de meados do século XIX, com os trabalhos de Semmelweis, Pasteur e Koch, que conduziram ao reconhecimento de que micro-organismos estavam envolvidos na transmissão de doenças, é que se desenvolveram métodos de antissepsia e assepsia na medicina e práticas de higiene pessoal e social. Essas medidas contribuíram para a drástica diminuição das doenças infecciosas nas populações humanas. Entretanto, com o passar do tempo, os micro-organismos foram desenvolvendo **resistência aos antimicrobianos** disponíveis.

> Resistência microbiana é a capacidade que um micro-organismo possui de não ser eliminado por um agente antimicrobiano, por meio de fatores genéticos inatos ou adquiridos.

A doença infecciosa é uma manifestação clínica de um desequilíbrio no sistema parasito-hospedeiro-ambiente provocado pelo aumento da patogenicidade do parasita em relação aos mecanismos de defesa antiinfecciosa do hospedeiro — ou seja, quebra-se a relação harmoniosa entre as defesas do organismo e o número e a virulência dos micro-organismos, propiciando sua invasão nos órgãos. Alguns micro-organismos possuem virulência elevada, podendo causar infecção no primeiro contato, independentemente das defesas do hospedeiro.

Vários são os fatores inerentes aos micro-organismos que proporcionam seu estabelecimento no corpo humano causando infecções: capacidade de transmissão, aderência ao tecido/célula-alvo (colonização), invasão, capacidade de causar danos ao hospedeiro, sobrevivência fora do ambiente do hospedeiro, entre outros. Para que ocorra a transmissão de um hospedeiro para outro, o agente infeccioso precisa resistir às condições ambientais, conservando sua capacidade infectante.

2.1.1 Vias de transmissão e contaminação por meio dos micro-organismos

A transmissão dos agentes infecciosos pode ocorrer de maneira direta e indireta. A transmissão direta se dá por meio do contato físico entre o transmissor e o receptor por via cutânea ou secreções. O mecanismo de transmissão indireto pode ocorrer por meio de instrumentos contaminados, especialmente os perfurocortantes (exposição percutânea) ou por meio da **infecção cruzada** (ver página 51).

De maneira geral, os micro-organismos podem ser veiculados principalmente por meio das seguintes vias:

Via aérea o contágio por meio das vias aéreas ocorre pela inalação de micro-organismos presentes nas partículas de aerossóis (menores que cinco micrômetros) e gotículas (maiores que cinco micrômetros). Aerossóis que carregam micro-organismos podem ficar em suspensão, propagar-se a distância e contaminar um grande número de pessoas, dependendo da quantidade, patogenicidade e virulência do agente infeccioso. Os micro-organismos transportados dessa forma podem ser dispersos para longe, pelas correntes de ar, podendo ser inalados por um hospedeiro susceptível, dentro do mesmo ambiente ou em locais situados a uma longa distância. Por esse motivo, indica-se circulação do ar e ventilação do ambiente.

As gotículas podem alcançar as membranas mucosas do nariz, da boca ou da conjuntiva de um hospedeiro susceptível, requerendo um contato próximo entre o indivíduo e o receptor, pois não permanecem suspensas no ar e geralmente se depositam em superfícies a uma curta distância. Daí a importância de ressaltar a necessidade da limpeza ambiental sem varredura, além do uso de máscaras filtrantes.

Via cutânea o contágio ocorre por meio do contato de sangue e secreções contaminadas com a pele não-íntegra (cortes, pústulas, dermatites), sendo que as mãos representam importante fonte de transmissão de micro-organismos. Outra forma frequente de transmissão/contaminação por essa via é a picada com agulhas contaminadas, sobretudo durante a prática incorreta de recapeá-las. O corte ou perfuração por vidraria quebrada ou trincada também constitui modo de contaminação relevante.

Os acidentes ocasionados por picada de agulhas são responsáveis por 80% a 90% das transmissões de doenças infecciosas entre trabalhadores da área da saúde (Marziale et al, 2004).

Para Nogueira e Maki (2003), as formas de contágio ocupacional podem ocorrer por meio de:

- exposições em mucosas: quando há respingos na face envolvendo olho, nariz ou boca;
- exposições percutâneas: lesões provocadas por instrumentos perfurantes e cortantes (exemplo: agulhas e alicates);
- exposições cutâneas: contato com a pele não-íntegra, como pústulas, dermatites e outros.

Via ocular a contaminação da mucosa conjuntival ocorre, invariavelmente, por lançamentos de gotículas ou aerossóis de material infectante nos olhos. A mucosa conjuntiva é uma barreira menos eficiente quando comparada com a pele.

Em estabelecimentos de beleza, devido ao tipo de atividades realizadas, existe a possibilidade de contaminação de profissionais e clientes pelas vias mencionadas acima por meio de diversos micro-organismos. Algumas doenças infecciosas comumente transmitidas nesses ambientes serão comentadas a seguir.

2.2 Doenças infecciosas transmitidas ocupacionalmente em estabelecimentos de beleza

2.2.1 AIDS

A AIDS ou SIDA (Síndrome da Imunodeficiência Adquirida) é uma moléstia infectocontagiosa, provocada pelo retrovírus humano HIV, subtipos 1 e 2. A doença é caracterizada pela imunodepressão e pela destruição dos linfócitos T4, células que desempenham papel fundamental na organização da resposta imune do organismo humano.

No Brasil, devido à crescente prevalência do HIV, existe, consequentemente, um aumento do **risco ocupacional**.

Risco ocupacional é um risco inerente às atividades laborais exercidas no âmbito profissional.

O risco ocupacional médio de transmissão do HIV é de 0,3% em acidentes percutâneos e de 0,09% após exposições em mucosas (Pinheiro, 2006). O risco de transmissão após exposição da pele íntegra a sangue infectado pelo HIV é estimado como menor que o risco após exposição mucocutânea (Bell e Gerberding, 1997). A probabilidade de contágio ocupacional por meio do vírus HIV é remota, quantificada em cem vezes menor que com o vírus da hepatite B (Vieira, 1995). O vírus do HIV sobrevive por até quinze minutos em um instrumento que tenha tido contato com sangue contaminado (Calil e Ronzi, 2000).

2.2.2 Hepatites

As hepatites virais acometem milhares de pessoas em todo o mundo. Vários são os vírus que podem causar hepatites, sendo os mais conhecidos os vírus das hepatites A, B, C, D, E, citomegalovírus e outros. Os de maior frequência na população são os três primeiros tipos, sendo que as vacinas disponíveis previnem a infecção apenas contra os dois primeiros. A hepatite A é geralmente transmitida por via oral-fecal, por meio de alimentos e água contaminados ou diretamente de uma pessoa para outra; as hepatites B e C são transmitidas por meio do contato sexual e exposição a materiais biológicos como sangue e secreções, sendo, portanto, as últimas mais implicadas com infecções ocupacionais na área da saúde e beleza.

Hepatite B

A hepatite B é causada pelo vírus HBV e é transmitida ocupacionalmente por meio de instrumentos perfurocortantes contaminados. O sangue é o principal veículo para sua transmissão, embora sêmen, secreções vaginais, saliva, lágrimas e suor possam contribuir para sua disseminação. Os sintomas da hepatite B demoram de um a quatro meses para aparecer. Esse prazo, porém, pode ser maior ou a doença pode tornar-se assintomática, ou seja, o portador do vírus da hepatite B pode demorar anos para ter algum sintoma ou nunca vir a tê-los. Os principais sintomas na fase aguda são febre, dor nas articulações, náuseas, mal-estar e dor de cabeça. Em porcentagem significativa dos casos pode surgir **icterícia** e **colúria**, o que facilita o diagnóstico. Após a fase inflamatória, o vírus pode ser eliminado naturalmente do organismo (e o indivíduo torna-se imune) ou causar uma **doença crônica** que, após alguns anos, pode levar a complicações hepáticas como **cirrose** e câncer de fígado.

O risco de contágio do HBV após exposição percutânea é significativamente maior que pelo HIV, podendo atingir até 40%. Considerado um dos agentes infecciosos mais resistentes, o HBV permanece por mais de duas semanas em um instrumento infectado seco e a maioria dos desinfetantes não exerce ação sobre ele. Dada a sua grande resistência aos agentes químicos, deve-se utilizar métodos adequados de esterilização para eliminá-lo.

Para Jorge (2003), a exposição a sangue por material cortante ou perfurante de uso coletivo sem esterilização adequada — como é o caso de procedimentos de acupuntura, tatuagem, manicure e pedicuro com instrumentos contaminados — é um fator de risco importante para contágio com o vírus das hepatite B e C. Ferreira (2006) menciona o possível contágio em sessões de depilação.

> Icterícia: pele e mucosas amareladas devido ao aumento de bilirrubinas.
> Colúria: coloração escura da urina.
> Cirrose: estado irreversível de degeneração hepática, perdendo a sua função ao longo da evolução da doença.

> Doença crônica é aquela cujos sintomas permanecem continuamente, por período prolongado de tempo, usualmente superior a três meses. As doenças crônicas não são emergências médicas, mas podem ser extremamente sérias e comprometer a qualidade de vida.

A vacina para a hepatite B é altamente efetiva e praticamente isenta de complicações (pode causar apenas reações no local da injeção). Ela consiste de fragmentos do antígeno da hepatite B (HBs Ag), suficiente para produzir anticorpos mas incapaz de transmitir doença. As doses da vacina consistem de três injeções intramusculares, sendo a segunda após um a dois meses e a terceira, cinco meses após a primeira. Nesse esquema, 95% dos indivíduos vacinados produzirão os anticorpos e, nestes, a proteção contra a hepatite é próxima de 100%. A imunidade costuma durar pelo menos dez anos, mas pode persistir por toda a vida, podendo ser avaliada por exame sorológico. A vacina é indicada em todas as crianças e adolescentes até dezoito anos. Entre adultos, deve ser utilizada em pessoas de alto risco (trabalhadores da área da saúde, homossexuais, usuários de drogas endovenosas e outros). A vacina está disponível gratuitamente na rede pública de saúde. Gravidez, amamentação e uso de antibióticos não contra-indicam a vacinação.

Hepatite C

A hepatite C causada pelo vírus HCV é geralmente assintomática, porém, lentamente progressiva. Além do sangue, o vírus pode estar teoricamente presente em qualquer secreção ou excreção orgânica. Calcula-se que existam cento e setenta milhões de portadores crônicos de hepatite C, cerca de 3% da população mundial (Brasil, 2002). Cerca de 20% dos portadores crônicos de hepatite C evoluem para cirrose e entre 1% a 5% desenvolvem carcinoma hepatocelular. O tempo de evolução para o estágio final da doença é de aproximadamente vinte a trinta anos.

A maioria dos portadores de hepatite, C (90%) é assintomática ou apresenta sintomas muito inespecíficos, como dores musculares e articulares, cansaço e náuseas. O diagnóstico só costuma ser realizado por meio de exames para doação de sangue, exames de rotina ou quando sintomas de doença hepática surgem já na fase avançada de cirrose.

O HCV é um vírus altamente resistente, sobrevivendo por até três dias na superfície de um instrumento seco contaminado (Calil e Ronzi, 2000). Se ocorrer exposição ocupacional com esse mesmo instrumento nesse período, a possibilidade de contaminação existe. Esse instrumento deve ser devidamente esterilizado, pois nem água fervente e álcool são suficientes para eliminar o risco.

Atualmente não existe vacina contra o vírus da hepatite C.

2.2.3 Onicomicoses

As onicomicoses constituem infecções muito frequentes atualmente. Elas são caracterizadas pelo crescimento de fungos nas unhas e dobras periungueais (ao redor de uma unha), sendo a lâmina infectada principalmente por **fungos dermatófitos** e eventualmente pela levedura *Candida albicans*.

As alterações clínicas das unhas onicomicóticas vão de pequenas manchas esbranquiçadas ou amareladas (discromia), até espessamento, fendas, descolagem que promove a separação da unha em duas lâminas e hiperceratose subungueal. Nas partes lesadas, observa-se perda de brilho, opacidade e destruição da unha.

As fontes de infecção são basicamente o solo, animais (especialmente cães e gatos de estimação), pessoas ou **fômites** contaminados, sendo que os mais relacionados na transmissão de onicomicoses são os cortadores, as espátulas e os alicates de cutículas e unhas. Toalhas úmidas também podem comportar-se como agentes transmissores.

O tratamento das onicomicoses é realizado exclusivamente a partir de diagnóstico realizado por um médico especialista, podendo utilizar medicamentos de aplicação local (loções, *sprays*, esmaltes ou soluções antifúngicas), sistêmico (comprimidos, drágeas, cápsulas) ou combinado. A escolha do tipo de tratamento depende do número de unhas acometidas, grau de comprometimento e estado imunológico do hospedeiro. O tratamento medicamentoso é eficaz, desde que realizado na dosagem e tempo corretos; é geralmente longo, o que gera um grande grau de desistência, provocando a resistência do fungo e consequente recidiva, dificultando cada vez mais a cura.

> Os fungos dermatófitos são micro-organismos especialistas em degradar a queratina da pele e utilizá-la como alimento; portanto, invadem a região queratinizada superficial do corpo humano e de animais, como a pele, os pelos e as unhas.

> Denominam-se fômites quaisquer objetos inanimados ou substâncias capazes de absorver, reter e transportar micro-organismos infecciosos de um indivíduo a outro.

2.2.4 Dermatites fúngicas

As dermatofitoses são infecções dos tecidos queratinizados causadas pelos fungos dermatófitos. As dermatites fúngicas são resultado da defesa do organismo a essa infecção.

A incidência e a prevalência das dermatites fúngicas variam com o clima e a presença dos reservatórios naturais, sendo mais elevadas nos locais de clima quente e úmido. As infecções fúngicas podem ocorrer em qualquer localização da pele: no tronco, membros superiores e inferiores, na face, couro cabeludo, virilha, plantas dos pés, palmas das mãos, entre os dedos das mãos ou dos pés, e outros.

Esporos fúngicos são denominações genéricas para as estruturas de reprodução dos mesmos.

A transmissão se dá por meio de escamas de pele, sendo que essas "crostas" contêm **esporos fúngicos**. Se houver o contato com essas crostas e a pele não estiver íntegra, esses esporos podem causar uma nova infecção fúngica.

2.3 Precauções e cuidados

No decorrer de diversas atividades desenvolvidas em estabelecimentos de beleza, tanto profissionais quanto clientes estão expostos aos micro-organismos e às doenças infecciosas abordados anteriormente — por exemplo, em atividades de manicure e pedicuro, podologia, cuidados com os cabelos, estética corporal, estética facial e depilações.

Após conhecimento e avaliação dos riscos de origem biológica, as medidas de controle a serem implementadas em um plano de biossegurança devem ser baseadas em condutas preventivas visando a minimização dos mesmos. Ao longo deste livro serão abordados os principais cuidados que os profissionais da beleza devem adotar ao desenvolver suas atividades, o que inclui:

- adoção das precauções universais de rotina em todas as situações que envolvem contato com agentes biológicos;
- utilização correta de (EPIs) Equipamentos de Proteção Individual pelos profissionais da área de beleza;
- higienização das mãos do profissional;
- limpeza, descontaminação e, quando necessário, esterilização de artigos, utensílios e equipamentos;
- uso de artigos descartáveis — como lixas, palitos de unha, agulhas, lençóis e outros;
- troca de toalhas por outras adequadamente limpas ou descartáveis a cada atendimento;
- limpeza e organização do ambiente;
- gerenciamento de resíduos, principalmente os resíduos considerados hospitalares;
- vacinação dos profissionais de saúde e beleza.

2.4 Vacinação dos profissionais

Em virtude do contato freqüente com pacientes ou com material infectado, muitos trabalhadores da área da saúde estão expostos a riscos de adquirir doenças transmissíveis, mas que são **imunopreveníveis** por meio de vacinação. Os profissionais da área da beleza que entram em contato com material biológico também estão expostos aos riscos biológicos preveníveis por vacina, especialmente hepatite B e tétano.

As doenças que são imunopreveníveis atualmente são: caxumba, coqueluche, difteria, doença meningocócica, doença pneumocócica, febre amarela, hepatite A, hepatite B, HPV (papilomavírus humano), influenza, poliomielite, raiva, rubéola, sarampo, tétano, tuberculose e varicela.

Programas de vacinação podem reduzir substancialmente o número de trabalhadores suscetíveis a riscos de adquirir doenças transmissíveis preveníveis por meio de vacina, bem como proteger os pacientes de adquirir essas doenças dos trabalhadores infectados. O calendário básico de vacinação brasileiro é definido pelo Programa Nacional de Imunizações (PNI) e corresponde ao conjunto de vacinas consideradas de interesse prioritário à saúde pública do país. Atualmente, é constituído por doze produtos recomendados à população, desde o nascimento até a terceira idade, sendo distribuídos gratuitamente nos postos de vacinação da rede pública. As oportunidades de prevenção começam na infância, quando os calendários de vacinação costumam ser seguidos com atenção. A adolescência representa uma nova oportunidade de complementação do calendário vacinal. Contudo, sabemos que o falso conceito de que "vacinação é coisa de criança" acaba por dificultar que isso ocorra, bem como a complementação do calendário do adulto. Além disso, as pessoas que hoje têm trinta anos não foram vacinadas quanto ao número de doenças contra as quais ainda não existiam vacinas quando elas eram crianças (Ballalai e Migowski, 2006).

De acordo com a NR 32 (Brasil, 2005), "*a todo trabalhador dos serviços de saúde deve ser fornecido, gratuitamente, programa de imunização ativa contra tétano, difteria, hepatite B e outros*". Desde 2004, a vacina contra hepatite B está disponível gratuitamente para profissionais manicures na rede pública brasileira.

A vacinação deve obedecer às recomendações do Ministério da Saúde. O trabalhador deve receber, após o ato da vacinação, o comprovante das vacinas recebidas. É recomendado, ainda, segundo a NR 32 (Brasil, 2005), que *"sempre que houver vacinas eficazes contra outros agentes biológicos a que os trabalhadores estão, ou poderão estar expostos, o empregador deve fornecê-las gratuitamente"* e que *"o empregador deve assegurar que os trabalhadores sejam informados das vantagens e dos efeitos colaterais, assim como dos riscos a que estarão expostos por falta ou recusa de vacinação"*.

Referências Consultadas

▶ Ballalai IE, Migowski E. Imunização e prevenção nas empresas: um guia de orientação para a saúde dos negócios e do trabalhador. Rio de Janeiro: Stamppa; 2006.

▶ Bell DM, Gerberding JL. Human immunodeficiency virus (HIV) postexposure management of healthcare workers: report of a workshop. Am J Med 102(5B):1, 1997.

▶ Brasil. Ministério da Saúde. Aconselhamento em DST, HIV e AIDS: diretrizes e procedimentos básicos. Brasília: MS; 1997.

▶ Brasil. Ministério da Saúde. Secretaria de Políticas de Saúde. Coordenação Nacional de DST e AIDS. Manual de condutas em exposição ocupacional a material biológico: hepatite e HIV. Brasília: MS; 1999.

▶ ____. Secretaria de Vigilância em Saúde. Departamento de Vigilância Epidemiológica. Avaliação da assistência às hepatites virais no Brasil. Brasília: MS; 2002.

▶ ____. Secretaria de Vigilância em Saúde. Departamento de Vigilância Epidemiológica. Programa nacional para a prevenção e o controle das hepatites virais. Brasília: MS; 2005.

▶ ____. Coordenação Nacional de DST/AIDS. Cartilha de biossegurança e quimioprofilaxia da exposição ocupacional ao HIV. Disponível em: http://bvsms.saude.gov. br/bvs/publicacoes/cd06_02.pdf. Acessado em novembro de 2009.

▶ Calil C, Ronzi F. Hepatite C. 2000. Disponível em: http://www.siteamigo.com/dicas/ saude/hepatite_c.htm. Acessado em novembro de 2009.

▶ Ferreira P. Glossário de doenças: hepatite. 2006. Disponível em: http://www.fiocruz.br/ccs/cgi/cgilua.exe/sys/start.htm?infoid=299&sid=6&tpl=printerview. Acessado em novembro de 2009.

- Guandalini LS et al. Como controlar a infecção na odontologia. Londrina: Gnatus; 1997.

- Jorge SG. Hepatite C. 2003 Disponível em: http://www.hepcentro.com.br/hepatite_c.htm. Acessado em 2008.

- Marziale MHP, Nishimura KYN, Ferreira MM. Riscos de contaminação ocasionados por acidentes de trabalho com material perfurocortante entre trabalhadores de enfermagem. Rev. Latino-Am. Enfermagem. 2004 Jan/Fev;12(1):36-42.

- Nester EW et al. Microbiology: a human perspective. 2.ed. Massachusetts: McGraw-Hill; 1998.

- Nogueira M. Manual de biossegurança em acupuntura. Rio de Janeiro: Secretaria de Estado da Saúde; 2003.

- Pelczar MJ, Krieg NR, Chan ECS. Microbiologia: conceitos e aplicações. 2.ed. São Paulo: Makron Books; 1997.

- Pinheiro FF. Origem da epidemia HIV. 2006. Disponível em: http://monografias.brasilescola.com/biologia/origem-epidemia-hiv. Acessado em novembro de 2009.

- Teixeira P, Valle S. Biossegurança: uma abordagem multidisciplinar. Rio de Janeiro: Fiocruz; 1996.

- Trabulsi LR et al. Microbiologia. 3.ed. São Paulo: Atheneu; 2000.

- Vieira SI. Medicina básica do trabalho. 2.ed. Curitiba: Gênesis: 1995.

3

Riscos Químicos

O perigo a que determinado indivíduo está exposto ao manusear produtos químicos que podem causar danos físicos ou prejudicar sua saúde denomina-se *risco químico*.

A capacidade inerente a uma substância de produzir efeitos nocivos em um organismo vivo ou ecossistema define-se como *toxicidade*.

Em tese, todas as substâncias são tóxicas e a toxicidade depende basicamente da dose e da sensibilidade do organismo exposto — ou seja, quanto mais tóxico é um produto, menor é a dose necessária para causar efeitos adversos. Alguns autores preconizam que, apesar de não existirem substâncias químicas desprovidas de toxicidade, a maioria delas pode ser utilizada com segurança pela limitação da dose e da exposição. O risco de intoxicação é definido como a probabilidade estatística de uma substância química causar efeito tóxico.

Sabendo-se que não é possível ao usuário alterar a toxicidade do produto, a única maneira concreta de reduzir o risco se dá por meio da diminuição da exposição. Para reduzir a exposição, o trabalhador deve, além de conhecer os produtos e sua toxicidade, manuseá-los com cuidado e usar Equipamentos de Proteção Individual (EPIs) adequados e em bom estado de conservação.

A aquisição, o manuseio, o transporte e o descarte de substâncias químicas são regulamentados por diversos órgãos nacionais como a Agência Nacional de Vigilância Sanitária (ANVISA), em conjunto com a Associação Brasileira de Normas Técnicas (ABNT) e o Conselho Nacional do Meio Ambiente (CONAMA) (Brasil, 2000 a 2008).

Nas atividades desenvolvidas na área da beleza, pode-se deparar com riscos químicos durante o manuseio e a aplicação de produtos cosméticos na pele e nos cabelos. Produtos utilizados em coloração e alisamento capilares — contendo derivados de amônia, peróxidos, hidróxidos, tioglicolatos, substâncias alcalinas, ácidas e oxidantes; além de solventes como acetona e álcool — constituem a principal fonte de riscos químicos em estabelecimentos de beleza.

3.1 Fatores que influenciam na toxicidade de uma substância

Os riscos químicos associados a uma substância dependem de algumas variáveis como: propriedades físico-químicas, vias de penetração no organismo, dose, alvos biológicos, capacidade metabólica de eliminação, efeitos sinergísticos e outras variáveis que serão explanadas ao longo deste capítulo. É importante observar que não há uma classificação única dos riscos químicos que contemple e esgote todos os produtos.

3.1.1 Propriedades físico-químicas das substâncias

a) **Substâncias explosivas** agentes químicos que, pela ação de choque, percussão e fricção, produzem centelhas ou calor suficiente para iniciar um processo destrutivo por meio de violenta liberação de energia.

b) **Substâncias inflamáveis** substâncias líquidas que liberam vapores ou substâncias gasosas que, em contato com o ar, em uma dada temperatura, sejam capazes de propagar uma chama, a partir do contato com uma fonte de ignição. Via de regra, as substâncias inflamáveis são de origem orgânica — por exemplo, hidrocarbonetos, alcoóis, aldeídos e cetonas, entre outros.

c) **Substâncias tóxicas** ao serem introduzidas no organismo por inalação, absorção ou ingestão, podem causar efeitos graves, muito graves ou mortais.

d) **Substâncias corrosivas** apresentam uma severa taxa de corrosão ao aço. Evidentemente, esses materiais são capazes de provocar danos aos tecidos humanos. Basicamente existem dois principais grupos de materiais que apresentam essa propriedade: os ácidos e as bases.

e) **Substâncias oxidantes** agentes que desprendem oxigênio e favorecem a combustão. Podem inflamar substâncias combustíveis ou acelerar a propagação de incêndio. Devido à facilidade de liberação do oxigênio, essas substâncias são relativamente instáveis e reagem quimicamente com uma grande variedade de produtos. Apesar da grande maioria das substâncias oxidantes não ser inflamável, seu simples contato com produtos combustíveis pode gerar um incêndio, mesmo sem a presença de fontes de ignição. São exemplos dessa classe o peróxido de hidrogênio e seus derivados.

Tabela 3.1 **Exemplos de substâncias químicas tóxicas utilizadas em cosmetologia e estética**

Substâncias químicas	Exemplos
Substâncias inflamáveis	Álcool, acetona.
Substâncias tóxicas	Produtos contendo amônia, alisantes capilares derivados de hidróxidos e formaldeído.*
Substâncias corrosivas	Alisantes capilares contendo derivados de hidróxidos, substâncias derivadas do cloro.
Substâncias oxidantes	Descolorantes capilares contendo peróxido de hidrogênio.

* O uso de formaldeído ou formol puro ou incorporado em cosméticos é proibido pela ANVISA (Agência Nacional de Vigilância Sanitária) na concentração acima de 0,2%. Nessa concentração, tem a função de conservante de produtos cosméticos. A função de alisante capilar do formaldeído requer concentrações maiores que a permitida, sendo, portanto proibido seu uso para esse fim.

3.1.2 Outras propriedades inerentes às substâncias químicas

a) **Mutagenicidade** capacidade que uma substância tem de produzir mudanças ou mutações no material genético das células, que podem ser transmitidas durante a divisão celular.

b) **Carcinogênese** capacidade que uma substância tem de produzir câncer ou tumores no homem ou em animais. A indução do câncer se dá por meio de uma série complexa de reações em que a célula normal transforma-se em célula neoplásica, ocorrendo o crescimento e a reprodução descoordenados.

c) **Teratogenicidade** capacidade que uma substância tem de desenvolver uma má-formação no embrião durante a exposição da mãe ao produto químico ou físico teratogênico. A influência dessas substâncias químicas depende da fase da reprodução, sendo mais danosas às exposições no primeiro trimestre da gestação.

3.1.3 Estado físico das substâncias tóxicas

a) **Líquidos** a maioria das substâncias tóxicas apresenta-se dessa forma. Muitas são voláteis às condições normais de temperatura e pressão — por exemplo, os solventes.

b) **Vapores** formas gasosas de substâncias que estão normalmente no estado líquido ou sólido.

c) **Gases** ocupam o espaço de um compartimento fechado ou o volume finito que lhes oferece. Podem passar ao estado sólido ou líquido por aumento de pressão ou diminuição da temperatura. Difundem-se.

d) **Poeiras** partículas sólidas que se apresentam em suspensão no ar, geradas por materiais inorgânicos.

3.1.4 Vias de penetração das substâncias químicas no organismo

a) **Via respiratória** aspiração de vapores ou gases emanados de substâncias tóxicas. É a via mais comum e rápida de entrada de substâncias no interior do corpo.

b) **Via oral** ingestão de qualquer tipo de substância tóxica, geralmente acidentalmente.

c) **Via cutânea** contato direto com substâncias químicas tóxicas, podendo causar irritações locais, lesões ou queimaduras. Também podem ser absorvidas, reagindo com proteínas da pele, atingindo a corrente sanguínea e distribuídas para vários órgãos.

d) **Via ocular** contato de substâncias químicas que emanam vapores ou gases na mucosa ocular.

Ação local e ação sistêmica

A substância química pode ter ação local, geralmente na pele, nas unhas e nos olhos; ou ação sistêmica, atingindo órgãos como pulmões, fígado, rins e ossos, bem como o Sistema Nervoso Central (SNC).

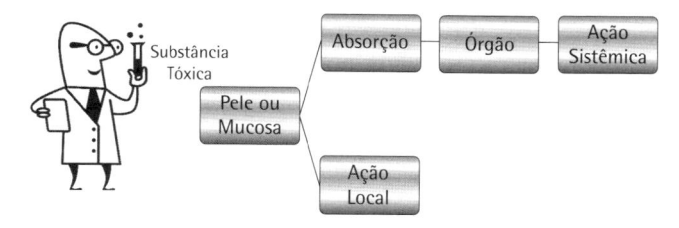

3.1.5 Interação química

a) **Incompatibilidade** condição sobre a qual determinadas substâncias se tornam perigosas quando manipuladas juntas ou colocadas próximas a outras, com as quais poderão reagir criando situações de risco.

b) **Sinergismo (potencialização)** quando o efeito combinado de dois ou mais agentes químicos é maior que a soma de cada agente separado.

c) **Adição** quando o efeito combinado de dois ou mais agentes químicos é igual à soma de cada agente isolado.

d) **Antagonismo** quando duas ou mais substâncias, quando misturadas, inibem uma a ação da outra.

3.1.6 Fatores individuais

a) **Idade** a suscetibilidade a intoxicações pode depender da idade; assim, crianças são mais suscetíveis a determinadas substâncias pois não estão com o sistema biológico completamente desenvolvido, assim como os idosos já estão com seus sistemas biológicos mais deteriorados.

b) **Sexo** o sexo feminino tem mais predisposição a intoxicações, devido a alterações hormonais e estados gestacionais.

c) **Doenças preexistentes** algumas doenças podem comprometer o transporte, a metabolização e a eliminação de substâncias químicas no organismo, como doenças sanguíneas (anemia, leucopenia), hepáticas (hepatite, cirrose) e renais.

d) **Natureza e duração da jornada de trabalho** o esforço físico pode levar a uma maior penetração de substâncias tóxicas, devido ao aumento do ar inalado. O cansaço também predispõe o indivíduo aos efeitos nocivos de substâncias químicas.

e) **Exposição prévia** após um período de latência, o indivíduo pode tornar-se sensibilizado e uma nova exposição desencadeia uma reação exacerbada.

f) **Condições socioeconômicas** o estado nutricional e o estresse podem influenciar na suscetibilidade a intoxicações.

g) **Diferenças genéticas e hereditárias** podem afetar o nível de resposta a um agente tóxico.

3.1.7 Frequência e duração da exposição ao produto químico

Quanto maior a frequência da exposição a uma substância química, maior é a probabilidade da intoxicação.

a) **Exposição aguda** os efeitos tóxicos são produzidos por uma única exposição ou por poucas exposições a uma substância, por um curto período de tempo, geralmente inferior a um dia.

b) **Exposição subcrônica** os efeitos tóxicos são produzidos por exposições repetidas a uma substância em um período de aproximadamente alguns meses.

c) **Exposição crônica** os efeitos tóxicos ocorrem após repetidas exposições, por um período longo de tempo — geralmente a vida toda de trabalho.

3.2 Cuidados na utilização de produtos químicos

3.2.1 Regras básicas a serem seguidas ao se trabalhar com substâncias químicas

- Nunca comer, beber, fumar ou aplicar cosméticos durante a manipulação de substâncias químicas;
- Nunca tentar identificá-las por meio do olfato;
- Ao se trabalhar pela primeira vez com uma substância, deve-se familiarizar com suas características por meio de leitura da literatura a respeito;
- Solicitar ao fornecedor informações referentes ao produto — identificação do produto e da empresa fornecedora ou do fabricante; identificação de danos à saúde e ao ambiente; medidas de primeiros socorros; medidas de combate a incêndios; medidas a serem tomadas em caso de derramamento acidental ou vazamento; manuseio e armazenagem; propriedades físico-químicas; informações toxicológicas e ambientais etc.;
- É perigoso reutilizar o frasco de um produto rotulado para guardar qualquer outro diferente, ou mesmo colocar outra etiqueta sobre a original. Isso pode causar acidentes;
- Quando encontrar uma embalagem sem rótulo, não tentar adivinhar o que há em seu interior. Se não houver possibilidade de identificação, descarte o produto.

3.2.2 Controle de recebimento e entrada do produto químico no estabelecimento

- Verificar o estado da embalagem quanto a danos ou ausência de rótulos;
- Observar os dados do rótulo, que devem oferecer informações claras a respeito das características do produto, composição, advertências e restrições de uso;
- Verificar se há registro da substância no Ministério da Saúde ou na Agência Nacional de Vigilância Sanitária;
- Verificar do prazo de validade.

3.2.3 Armazenamento e acondicionamento de substâncias químicas

Em todos os centros de beleza, deve haver um local apropriado para o armazenamento dos produtos químicos — seja em um local centralizado (almoxarifado) ou em áreas independentes, como armários em cada setor, devidamente identificados. O local de armazenamento deve ser bem ventilado e arejado, sem a incidência de luz solar direta e exclusivo para a guarda dos produtos. A área de armazenamento deve ter acesso restrito aos profissionais e deve ser mantida limpa e organizada.

As substâncias incompatíveis não devem ser armazenadas juntas; as substâncias oxidantes não podem permanecer próximas de fontes de calor (como estufas e autoclave); as substâncias corrosivas não devem ser armazenadas em prateleiras metálicas.

Com esses cuidados, busca-se, entre outros aspectos, obter a máxima utilização do espaço; a efetiva utilização dos recursos disponíveis; o pronto acesso a todos os itens (seletividade); a máxima proteção aos itens estocados; a boa organização e a satisfação das necessidades dos clientes, dos profissionais e da comunidade.

3.2.4 Contenção individual

Medidas de controle são necessárias aos profissionais ao manusear os produtos químicos, em especial a utilização correta de barreiras de contenção, conforme detalhado no Capítulo 9. Nunca se deve manusear produtos químicos sem a utilização dos Equipamentos de Proteção Individuais (EPIs) adequados para cada caso, como luvas, jalecos, óculos de proteção, máscaras e outros.

3.2.5 Contenção coletiva

A contenção coletiva refere-se a Equipamentos de Proteção Coletiva (EPCs) que visam à proteção dos profissionais que trabalham com substâncias químicas e do ambiente de trabalho como um todo, destacando-se extintores de incêndio, capelas de exaustão e chuveiros, conforme será detalhado no Capítulo 10.

Tabela 3.2 **Cuidados a serem observados durante o manuseio de produtos químicos**
Leia o rótulo antes de abrir a embalagem;
Verifique se a substância é realmente aquela desejada;
Considere o perigo de reações entre substâncias químicas;
Abra embalagens em área bem ventilada;
Tome cuidado durante manipulação e uso de substâncias químicas perigosas, utilizando métodos que reduzam o risco de inalação, ingestão e contato com a pele, olhos e roupas;
Feche hermeticamente a embalagem após utilização;
Evite a utilização de aparelhos e equipamentos contaminados;
Trate dos derramamentos usando métodos e precauções apropriados para as substâncias perigosas.

3.2.6 Descarte de substâncias químicas

Um dos grandes problemas ambientais no mundo de hoje é o lançamento no meio ambiente de produtos químicos de forma inadequada. Portanto, conhecendo a classificação da substância, torna-se possível obter informações quanto à forma correta de descartar os resíduos químicos.

Os resíduos químicos líquidos gerados em estabelecimentos de beleza em geral são descartados diretamente em pias e principalmente em lavatórios de cabelos, visto que a maioria dos produtos relativamente tóxicos encontram-se nas áreas capilar, corporal e facial. O ideal é que sejam instalados nesses estabelecimentos sistemas de tratamento da água de esgoto, segundo as normas vigentes.

A grande maioria dos resíduos químicos sólidos gerados em estabelecimentos de beleza é composta por embalagens primárias que contêm produtos cosméticos, em especial colorantes e alisantes capilares. Essas embalagens devem ser segregadas e encaminhadas ao descarte, por pessoal treinado, seguindo as diretrizes descritas pelo plano de gerenciamento de resíduos do estabelecimento (descrito no Capítulo 11).

Referências Consultadas

▶ ABNT (Associação Brasileira de Normas Técnicas). NBR 10004: resíduos sólidos: coleta de resíduos de serviços de saúde. Rio de Janeiro; 1997.

▶ ___. NBR 7500: símbolos de risco e manuseio para transporte e armazenagem de materiais. Rio de Janeiro; 2000.

▶ Brasil. Ministério do Trabalho e Emprego. NR 9: programas de prevenção de riscos ambientais. Brasília: MTE; 1994. Disponível em: http://www.mte.gov.br/legislacao/normas_regulamentadoras/default.asp. Acessado em novembro de 2009.

▶ ___. NR 16: atividades e operações perigosas. Brasília: MTE; Disponível em: http://www.mte.gov.br/legislacao/normas_regulamentadoras/default.asp. Acessado em novembro de 2009.

▶ ___. NR 23: proteção contra incêndios. Brasília: MTE; 1998. Disponível em: http://www.mte.gov.br/legislacao/normas_regulamentadoras/default.asp. Acessado em novembro de 2009.

▶ ___. NR 26: sinalização de segurança. Brasília: MTE; 1978. Disponível em: http://www.mte.gov.br/legislacao/normas_regulamentadoras/default.asp. Acessado em novembro de 2009.

▶ Brasil. Ministério dos Transportes. Decreto nº 96.044 de 18 de maio de 1988. Aprova o regulamento para o transporte rodoviário de produtos perigosos e dá outras providências. Diário Oficial da União, Brasília; 1998. P. 8.737-41.

▶ Hirata MH. Manual de biossegurança. 1.ed. São Paulo: Manole; 2002.

▶ Kokot PI. Manual de armazenagem e manuseio de produtos químicos. São Paulo: ASSOCIQUIM/SINCOQUIM; 1992.

▶ Neves H. Vigilância de exposição ocupacional a substâncias tóxicas. Informe Epidemiológico do SUS, v.8, nº1, p.35-46, 1999.

▶ Oga S. Fundamentos de toxicologia. 2 ed. São Paulo: Atheneu; 2003.

▶ Silva FAL. Segurança química: risco químico no meio ambiente de trabalho. São Paulo: LTr; 1999.

▶ Savariz MC. Manual de produtos perigosos: emergência e transporte. 2.ed. Porto Alegre: Sagra - DC Luzzatto; 1994.

▶ Silva Filho, AL. Segurança química: risco químico no meio ambiente de trabalho. São Paulo: LTr; 1999.

▶ Teixeira P, Valle S. Biossegurança: uma abordagem multidisciplinar. Rio de Janeiro: Fiocruz; 1996.

4

Riscos Físicos e de Acidentes

Os *riscos físicos* são definidos como formas de energia a que possam estar expostos os trabalhadores, cujos agentes mais comuns são ruídos, temperaturas excessivas, vibrações, pressões anormais, radiações e umidade.

Os *riscos de acidentes* são todos os fatores que colocam em perigo o trabalhador ou afetam sua integridade física ou moral. São considerados riscos geradores de acidentes: arranjo físico deficiente, máquinas e equipamentos sem proteção, ferramentas inadequadas ou defeituosas, incêndio ou explosão e eletricidade.

Um ambiente seguro e saudável é um fator essencial para a qualidade de vida no trabalho.

4.1 Riscos físicos

4.1.1 Ruídos

Ruídos intensos e permanentes acarretam reflexos em todo o organismo, não apenas no aparelho auditivo, podendo causar vários distúrbios, mas também alterando significativamente o humor e a capacidade de concentração; provocam interferências no metabolismo, distúrbios cardiovasculares, perda de atenção, entre outros.

Dependendo do tempo de exposição, do nível sonoro e da sensibilidade individual, as alterações danosas poderão manifestar-se imediatamente ou gradualmente. A Norma Regulamentadora 15 do Ministério do Trabalho e Emprego (Brasil, 1978) indica os *limites de tolerância para ruído contínuo* ou *intermitente* em ambientes de trabalho (ver Tabela 4.1).

A Organização Mundial da Saúde (OMS, 1980) indica que 55 decibéis (dB) é o início de estresse auditivo.

Tabela 4.1 Limites de tolerância para ruído contínuo ou intermitente

Nível de ruído (dB)	Máxima exposição diária
85	8 horas
86	7 horas
87	6 horas
88	5 horas
89	4 horas e 30 minutos
90	4 horas
91	3 horas e 30 minutos
92	3 horas
93	2 horas e 40 minutos
94	2 horas e 15 minutos
95	2 horas
96	1 hora e 45 minutos
98	1 hora e 15 minutos
100	1 hora
102	45 minutos
104	35 minutos
105	30 minutos
106	25 minutos
108	20 minutos
110	15 minutos
112	10 minutos
114	8 minutos
115	7 minutos

As máquinas e os equipamentos utilizados pelas empresas produzem ruídos que podem atingir níveis excessivos, podendo a curto, médio e longo prazos, provocar sérios prejuízos à saúde. Em estabelecimentos de beleza, os ruídos são mais intensamente sentidos nos casos de trabalhos com secadores de cabelos e alguns tipos de equipamentos de estética, além das conversas paralelas entre as clientes.

4.1.2 Temperaturas excessivas

Temperaturas extremas podem provocar alterações ou danos ao organismo. O calor pode provocar desidratação, erupção da pele, cãibras, fadiga física, problemas cardiocirculatórios, insolação, entre outros. Já as baixas temperaturas podem provocar feridas, rachaduras e necrose na pele, enregelamento (congelamento), agravamento de doenças reumáticas, predisposição para acidentes e predisposição para doenças das vias respiratórias.

Em atividades relacionadas à cosmetologia e à estética, podemos citar alguns procedimentos que poderiam representar riscos ao operador como o calor gerado pela autoclave e pela estufa utilizadas no processo de esterilização, ambientes não climatizados e uso de secadores de cabelo.

4.1.3 Vibrações

As vibrações que acometem trabalhadores podem ser localizadas, quando provocadas por ferramentas ou equipamentos manuais, ou podem ser generalizadas. As consequências mais comuns são alterações neurovasculares nas mãos, problemas nas articulações das mãos e dos braços; osteoporose (perda de substância óssea), lesões na coluna vertebral e dores lombares. Condições de vibração também podem gerar microtraumas.

Na indústria, é comum o uso de máquinas e equipamentos que produzem vibrações, as quais podem ser nocivas ao trabalhador. Na área de cosmetologia e estética, é rara a exposição a esse tipo de risco.

4.1.4 Pressões anormais

Há uma série de atividades em que os trabalhadores ficam sujeitos a pressões ambientais acima ou abaixo da pressão atmosférica normal. Exposições a baixas pressões ocorrem com trabalhadores que realizam tarefas em grandes altitudes, sendo, no Brasil, raros os trabalhadores expostos a esse risco. Já as exposições à alta pressão atmosférica ocorrem em trabalhos realizados em tubulações de ar comprimido, máquinas de perfuração, caixões pneumáticos e trabalhos executados por mergulhadores. As consequências da exposição a altas e baixas pressões podem ser: ruptura do tímpano quando o aumento de pressão for brusco, liberação de nitrogênio nos tecidos e vasos sanguíneos e até a morte. Por ser uma atividade de alto risco, a Norma Regulamentadora 15 do Ministério do Trabalho e Emprego (Brasil, 2008) deve ser obedecida.

Em cosmetologia e estética, os profissionais não entram em contato com esse tipo de risco.

4.1.5 Radiações

As radiações são formas de energia transmitidas por ondas eletromagnéticas. A absorção das radiações pelo organismo é responsável pelo aparecimento de diversas lesões. As radiações podem ser classificadas em dois grupos:

- **Radiações ionizantes** os operadores de raio-x e radioterapia estão frequentemente expostos a esse tipo de radiação, que pode afetar o organismo ou se manifestar nos descendentes das pessoas expostas.
- **Radiações não-ionizantes** são elas: radiação infravermelha (proveniente de operação em fornos), radiação ultravioleta (como a gerada por operações com raios laser, micro-ondas e outras). Seus efeitos são perturbações visuais (conjuntivites, cataratas), queimaduras, lesões na pele, entre outras.

Os trabalhadores expostos devem ser isolados da fonte de radiação, seja por meio de biombos protetores, pisos e paredes revestidas de chumbo em salas de raio-x, ou por meio de EPIs adequados — como aventais, luvas, perneiras, mangotes e óculos de proteção (no caso, escuros). Os indivíduos expostos devem ser submetidos a exames periódicos.

Em cosmetologia e estética, há a exposição à radiação UV em câmaras de bronzeamento artificial e equipamentos capilares e de estética que utilizam laser.

4.1.6 Umidade

As atividades ou operações executadas em locais alagados ou encharcados, com umidade excessiva, capazes de produzir danos à saúde dos trabalhadores, são situações consideradas insalubres, regulamentadas pela Norma Regulamentadora 15 do Ministério do Trabalho e Emprego (Brasil, 2008) e devem ter a atenção dos gerentes e trabalhadores. A exposição à umidade excessiva pode causar doenças do aparelho respiratório, doenças de pele, doenças circulatórias, além de aumentar o risco de quedas.

Na área da beleza, dificilmente os profissionais entram em contato com esse tipo de risco, porém os responsáveis pela limpeza do ambiente e artigos podem estar expostos.

4.2 Riscos de acidentes

4.2.1 Arranjo físico deficiente

O arranjo físico deficiente resulta de prédios com área insuficiente, localização imprópria de máquinas e equipamentos, má arrumação e limpeza, sinalização incorreta ou inexistente, além de pisos inadequados.

4.2.2 Máquinas e equipamentos sem proteção

Os pontos de transmissão de força, bem como a projeção de peças das máquinas e dos equipamentos, podem ser fontes de acidentes.

4.2.3 Ferramentas inadequadas ou defeituosas

Nesse caso, o risco de acidentes pode ocorrer devido à utilização de ferramentas inadequadas, desgastadas, improvisadas ou sem a devida manutenção.

4.2.4 Eletricidade

Instalação elétrica imprópria, com defeito ou exposta; fios desencapados; falta de aterramento elétrico e falta de manutenção.

4.2.5 Incêndio ou explosão

Incêndios ou explosões podem ocorrer por armazenamento inadequado de inflamáveis ou gases, manipulação e transporte inadequado de produtos inflamáveis e perigosos, sobrecarga em rede elétrica, falta de sinalização, falta de equipamentos de extinção de incêndios ou equipamentos defeituosos (ver o Capítulo 10).

4.3 Medidas de prevenção ou minimização de riscos físicos e de acidentes em estabelecimentos de beleza

- O espaço físico deve estar adequado ao número de funcionários e ao volume de atendimentos propostos;
- Durante a realização de atividades que geram ruído ou vibração, é recomendado o revezamento dos trabalhadores expostos aos riscos (menor tempo de exposição);
- Atividades que requerem silêncio (por exemplo, terapias relaxantes) devem ser realizadas em locais adequados, distantes da recepção ou de áreas ruidosas. Se o espaço físico for pequeno ou não permitir esse distanciamento, deve haver isolamento acústico;
- As instalações elétricas devem ser dimensionadas (a fim de evitar sobrecarga elétrica) e providas de disjuntores que interrompam a energia em caso de curto-circuito. Os trabalhadores devem conhecer a localização dos disjuntores;
- A fiação elétrica deve estar embutida, evitando fios soltos e desencapados;
- Os equipamentos devem estar ligados em tomadas individuais, sendo o aterramento corretamente providenciado;
- Periodicamente, deve ser realizada a manutenção elétrica em todo o estabelecimento;
- Os equipamentos que geram ruídos devem receber manutenção periódica; os equipamentos novos devem ser adquiridos observando-se a especificação da medida de ruídos (em decibéis);
- Os ambientes devem ser arejados ou climatizados;
- Os funcionários devem receber treinamentos iniciais e continuados para a operação e manutenção dos equipamentos;
- Deve-se utilizar os Equipamentos de Proteção Individual (EPIs) específicos para cada atividade, sempre que necessário: no caso de ruídos intensos e intermitentes que excedam os valores permitidos, utilizar protetor auricular; em casos de incidência de raios

UV e laser, utilizar óculos escuros tanto em profissionais como em clientes; em casos de umidade, especialmente para o pessoal do setor de limpeza, utilizar botas, luvas e aventais impermeáveis;

- Os estabelecimentos deverão implantar rotinas de manutenção preventiva, além de fornecer treinamento para o uso de EPIs;

- Os estabelecimentos devem utilizar a sinalização do ambiente a fim de facilitar a circulação dos trabalhadores e clientes. Devem ser sinalizados: o acesso aos extintores, as escadas de incêndio ou as rotas de fuga, bem como a localização dos quadros-de-força. A correta sinalização facilita as ações de emergência.

Referências Consultadas

▸ ABNT (Associação Brasileira de Normas Técnicas). NBR 10152: níveis de ruído para conforto acústico. Rio de Janeiro; 1987.

▸ ___. NBR 12179: tratamento acústico em recintos fechados. Rio de Janeiro; 1992.

▸ ANVISA (Agência Nacional de Vigilância Sanitária). RDC nº 50, de 21 de fevereiro de 2002. Regulamento técnico para planejamento, programação, elaboração e avaliação de projetos físicos de estabelecimentos assistenciais de saúde.

▸ Brasil. Ministério do Trabalho e Emprego. NR 15: atividades e operações insalubres. Brasília: MTE. Disponível em: http://www.mte.gov.br/legislacao/normas_regulamentadoras/default.asp. Acessado em novembro de 2009.

▸ Brasil. Ministério da Saúde. Secretaria de Atenção à Saúde. Departamento de Ações Programáticas Estratégicas. Perda auditiva induzida por ruído (Pair). Brasília: Editora do Ministério da Saúde; 2006. 40 p. il. – (Série A. Normas e Manuais Técnicos)

▸ Eniz AO. Poluição sonora em escolas do Distrito Federal; 2004. 111 f. Dissertação (Mestrado em Planejamento e Gestão Ambiental). Brasília, Universidade Católica de Brasília; 2004.

▸ Fernandes JC. Acústica e ruídos. Bauru: Unesp; 2002.

5

Riscos
Ergonômicos

A ergonomia, ou engenharia humana, é uma ciência relativamente recente que estuda as relações entre o homem e seu ambiente de trabalho. É definida pela Organização Internacional do Trabalho (OIT) como: *"A aplicação das ciências biológicas humanas em conjunto com os recursos e técnicas da engenharia para alcançar o ajustamento mútuo, ideal entre o homem e o seu trabalho, e cujos resultados se medem em termos de eficiência humana e bem-estar no trabalho".*

Os riscos ergonômicos são os fatores que podem afetar a integridade física ou mental do trabalhador, proporcionando-lhe desconforto ou causando doenças. São considerados riscos ergonômicos:

- esforço físico;
- levantamento de peso;
- postura inadequada;

- controle rígido de produtividade ou imposição de rotina intensa;
- situação de estresse;
- trabalhos em período noturno;
- jornada de trabalho prolongada;
- monotonia e repetitividade;
- problemas relacionados com a organização do trabalho;
- condições ambientais inadequadas (*layout*, posto de trabalho, caminhos obstruídos, cômodos pequenos, mobiliários, equipamentos, dispositivos, iluminação e ventilação inadequadas).

Os riscos ergonômicos podem gerar distúrbios à saúde do trabalhador porque produzem alterações no organismo e no estado emocional, comprometendo a produtividade, a saúde e a segurança. Alguns dos riscos seriam os seguintes: Lesões por Esforços Repetitivos e Distúrbios Osteomusculares Relacionados ao Trabalho (LER/DORT), cansaço físico, dores musculares, hipertensão arterial, alteração do sono, doenças nervosas, taquicardia, doenças do aparelho digestivo (gastrite e úlcera), tensão, ansiedade, problemas na coluna vertebral, entre outros.

5.1 Postura

Dentre os distúrbios dolorosos que afetam a humanidade, a dor lombar (lombalgia, dor nas costas ou dor na coluna) é a grande causadora de morbidade e incapacidade para o trabalho, só perdendo para a cefaleia ou dor de cabeça. Com o avançar da idade, inicia-se um processo de dessecação progressiva dos discos da coluna vertebral, que sofrem maior risco de rompimento, em virtude de perda de elasticidade e resistência. A hérnia de disco e o "bico de papagaio" são doenças comuns da coluna lesada.

A postura durante o desenvolvimento de tarefas pesadas é a principal causa de problemas de coluna, mais precisamente na hora de levantar, transportar e depositar cargas, ocasião em que os trabalhadores mantêm as pernas retas e "dobram" a coluna vertebral. Quanto maior o peso da carga, maior será a pressão sobre cada vértebra e cada disco vertebral. Cargas que representam o equivalente a apenas 10% do peso do corpo já causam problema à coluna. Outras tarefas, menos árduas, também podem acarretar problemas de postura. Tem-se como exemplos trabalhos monótonos e repetitivos, como o trabalho prolongado ao computador.

A postura correta do indivíduo ao trabalhar com o computador deve ser: coluna ereta, pernas flexionadas e pés apoiados no chão. A altura do monitor deve estar regulada à altura dos olhos do digitador e o encosto da poltrona também deve ser curvo e ajustar-se às costas, sempre que possível. Quando as pernas e os pés não estão bem apoiados, por exemplo, podem ocorrer cãibras após certo tempo de operação. (Ver Figura 5.1)

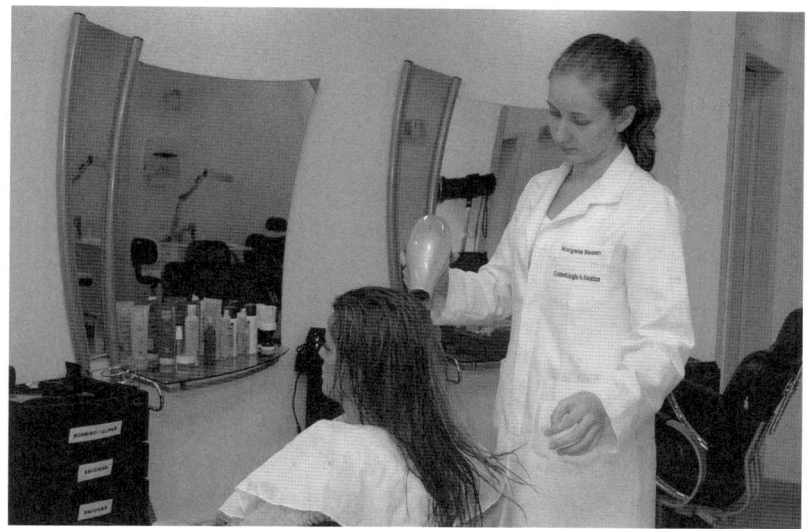

Figura 5.1 O cabeleireiro permanece em pé e trabalha com movimentos repetitivos dos branços em grande parte da sua jornada de trabalho. Deve ajustar a altura da cadeira e fazer intervalos entre os clientes

Em estabelecimentos de beleza, recepcionistas e administradores passam grande parte de sua jornada de trabalho em atividades em frente ao computador, ao mesmo tempo em que atendem ao telefone. Essa prática é extremamente maléfica para os músculos do pescoço e da coluna cervical, sendo necessária a utilização de fones de ouvido, evitando a torção do pescoço e mantendo a postura correta (ver Figura 5.2).

Quanto à posição de trabalho em pé ou sentado, a NR 17 do Ministério do Trabalho e Emprego (Brasil, 2008) destaca que: "*Sempre que o trabalho*

©RAMOS E COLS.

Figura 5.2 Uso do fone de ouvido pela recepcionista enquanto trabalha ao computador.

puder ser executado na posição sentada, o posto de trabalho deve ser planejado ou adaptado para essa posição". O trabalho em pé favorece a incidência do alargamento das veias das pernas (varizes) e causa edemas dos tecidos dos pés e das pernas. A penosidade da posição em pé pode ser agravada se o profissional tiver ainda de manter posturas inadequadas, como inclinação ou torção do tronco ou de outras partes do corpo — por exemplo, em atividades na área da beleza como estética corporal, depilação, cabeleireiro e maquiagem. Assim, sempre que a atividade permitir, a alternância de posturas (em pé, sentado, em pé) deve ser buscada, pois permite que os músculos recebam seus nutrientes e não fiquem fatigados.

5.2 Movimentos repetitivos e LER/DORT

Atualmente, em quase todos os segmentos de trabalho, e até mesmo no lazer, doenças relacionadas a movimentos repetitivos e má postura vêm se tornando muito comuns, como LER e DORT. Essas doenças provocam lesões em tendões, músculos e articulações, especialmente em membros superiores.

Alguns autores contestam a nomenclatura LER/DORT e Couto (1996) afirma que LER é um termo superado, utilizado apenas na Austrália e no Brasil. Para ele, o mais correto seria "Síndrome Dolorosa nos Membros Superiores de Origem Ocupacional". Nos Estados Unidos, utiliza-se com frequência os termos *Cumulative Trauma Disorders* (CTD) e *Repetitive Trauma Disorders* (RTD).

Atualmente, no Brasil, LER/DORT são consideradas acidente de trabalho; o Decreto nº 2172 (Brasil, 1997) afirma: "*Constatando-se que a doença resultou de condições especiais em que o trabalho é executado e com ele se relaciona diretamente, a previdência social deve equipará-la a acidente de trabalho*". Nesse contexto, a empresa ou o órgão competente ficam obrigados a emitir a Comunicação de Acidente de Trabalho (CAT).

A manutenção de posturas anormais é a principal causa de LER/DORT por provocar desequilíbrio muscular e compressão dos nervos. Se certos grupos musculares são subutilizados, há indicação de que outros estão sofrendo por sobreuso, sendo que essa situação leva a um ciclo vicioso postural e do equilíbrio muscular. O quadro sintomatológico da LER/DORT é muitas vezes complexo e de difícil identificação, pois o paciente pode não apresentar nenhum sinal físico inicialmente, mas suas queixas são persistentes e sempre relacionadas com a massa muscular envolvida em tensão, em decorrência de posição forçada ou viciosa ou mais utilizada no exercício da função. A caracterização da LER não depende de dados laboratorias, mas apenas da correlação entre a lesão e o exercício do trabalho.

Muitos trabalhadores não têm acesso às informações sobre as consequências do trabalho repetitivo para a saúde; sendo assim, desconhecem a origem da dor, retardando o auxílio médico. Isso pode trazer consequências negativas para o tratamento, pois as microlesões continuadas tornam o grupo muscular suscetível a novas lesões, o que dá oportunidade ao quadro clínico de assumir um caráter extremamente recidivante e invalidante.

Profissionais de cosmetologia e estética estão bastante expostos a LER/DORT devido a posições inadequadas, permanência por longos períodos em pé ou sentados e execução de movimentos repetitivos, especialmente manicures, podólogos, esteticistas, massoterapeutas, maquiadores e cabeleireiros.

5.2.1 Planos de tratamento da LER/DORT

O objetivo fundamental do plano de tratamento é eliminar ou minimizar a intensidade dos fatores físicos que causaram ou agravam a LER/DORT, pois, uma vez eliminados, dão lugar ao processo natural de recuperação do organismo. Este, frequentemente, requer longo período, durante o qual deve haver restrições à atividade normal. Geralmente o tratamento envolve uma combinação de métodos conservadores, como medicamentos e terapia física. Quando esses métodos não apresentam resultados positivos, a conduta provavelmente será cirúrgica (Higgs & Mackinnon, 1995).

Educação postural

Inicialmente, qualquer que seja o método de tratamento, ele requer a educação do trabalhador quanto às posturas a serem adotadas tanto nas atividades de trabalho como nas de não-trabalho, na tentativa de evitar maiores danos e diminuir os já instalados. A restrição de movimentos e o repouso da região afetada são critérios importantes que devem ser obedecidos. A imobilização, quando necessária, é feita por meio do uso de talas que mantêm as articulações em posição neutra, minimizando o estresse local e prevenindo traumas adicionais.

Além da imobilização e do repouso, pode-se também lançar mão do uso do calor e do gelo para alívio da dor, e da compressão e elevação para melhor drenar o edema local, quando este se fizer presente.

Tratamento medicamentoso

A prescrição de drogas deve ser sempre efetuada por um profissional médico especializado. Medicamentos com potentes efeitos anti-inflamatórios podem, eventualmente, levar à irritação gástrica, o que pode restringir seu uso àqueles doentes que não têm problemas gástricos ou os têm em pequena proporção. Nesse caso, é necessário o uso adicional de medicamentos antiácidos, sempre com acompanhamento médico. Esse método de tratamento é importante porque não reduz somente a dor, mas também a inflamação.

Tratamento fisioterápico

Com relação à ginástica laboral, o principal objetivo é preparar o corpo para trabalhar, prevenindo o aparecimento de lesões músculo-ligamentares e diminuindo os acidentes de trabalho causados pelos movimentos repetitivos e posturas inadequadas.

Tratamentos alternativos

Além dos métodos de tratamento citados, existe uma grande variedade de recursos alternativos para LER/DORT, por exemplo, a prática da ioga. Outras terapias não convencionais que se mostram úteis para o alívio da dor por curtos períodos são a naturopatia, o tai chi chuan e a acupuntura. Além disso, técnicas de relaxamento e reeducação postural global estão sendo empregadas com sucesso.

observação importante

para evitar a LER/DORT, a conduta mais efetiva é a prevenção. Mudanças de natureza ergonômica, organizacional e comportamental podem reduzir ou eliminar a ação ofensiva, pois está comprovado que a prevenção diminui mais a incidência de LER que o tratamento médico.

5.3 Uso de ferramentas manuais

As ferramentas manuais devem estar adequadas ao profissional e não somente ao trabalho. Aquelas que exigem a aplicação de esforço muscular excessivo ou posturas incômodas podem ocasionar tensão na mão, no braço e nos ombros, de forma acumulativa ou gradual.

Por outro lado, o desvio do punho em mais de 30 graus afeta diretamente a quantidade de força transferida da mão para a ferramenta. Assim, o formato e a seleção apropriada das ferramentas manuais são fundamentais para se evitar a LER/DORT, bem como para aumentar a produtividade, a qualidade e a eficiência dos trabalhadores. Caso seja necessário um aperto mais firme, o cabo do instrumento deverá ser redondo, de forma que a força possa ser distribuída em uma superfície maior. As ferramentas que não se adaptam aos canhotos ou apresentam dificuldades para alternar as mãos também criam problemas.

Para evitar o esgotamento gradual dos músculos, a chamada carga estática (sustentar uma ferramenta ou manter determinada postura) não deve exceder 10% da capacidade da força muscular máxima do trabalhador. Já as cargas dinâmicas que empregam grupos musculares maiores não devem exceder 40% da capacidade máxima do indivíduo.

5.4 Condições do ambiente de trabalho

Toda atividade de trabalho está inserida em uma determinada área, em um certo espaço. O ambiente físico ou posto de trabalho pode favorecer ou dificultar a execução do mesmo. Seus componentes podem ser fonte de insatisfação, desconforto, sofrimento e doenças, ou proporcionar a sensação de conforto.

A Norma número 17 do Ministério do Trabalho e Emprego (Brasil, 2008) obriga as empresas regidas pela Consolidação das Leis do Trabalho (CLT) a realizar a Análise Ergonômica das Condições de Trabalho e a adequá-la para proporcionar conforto e segurança nas tarefas e atividades realizadas nos postos e ambientes de trabalho. Devem ser observados os cuidados construtivos e operacionais necessários para propiciar ao trabalhador conforto térmico/acústico, luminosidade e instalações sanitárias.

Todos os equipamentos que compõem um posto de trabalho devem ser adequados às características psicofisiológicas dos trabalhadores e à natureza do trabalho a ser executado. *Adequados à natureza do trabalho* significa que os equipamentos devem facilitar a execução da tarefa específica.

Às vezes, uma simples cadeira ergonômica pode fazer a diferença. A altura de uma bancada pode estar adequada para uma pessoa alta, mas não para outra, de estatura baixa. Na maioria dos casos, os problemas podem ser evitados com a melhoria dos postos e equipamentos de trabalho, bem como com a educação postural.

Idealmente, as bancadas e assentos de manicures e pedicuros deveriam ser planejadas para adequar a postura e o conforto à atividade desses profissionais, incluindo a alternância das posturas sentado/em pé e sessões de alongamento. O atendimento ao cliente deveria ser individualizado, e não em conjunto com atividades dos cabeleireiros, pois essa prática dificulta a manutenção da postura correta. As macas utilizadas para atendimento de estética facial e corporal devem ser ajustáveis à estatura e aos tamanhos dos membros superiores de cada profissional, visando à minimização dos efeitos causados pelo esforço e pelos movimentos repetitivos.

Iluminação

A iluminação no ambiente de trabalho influencia diretamente o conforto, a produtividade e até mesmo a saúde dos profissionais. Ela não deve ser excessiva, o que é comum em diversas empresas e escritórios, podendo atrapalhar a visão ou gerando sensação de desconforto. No entanto, o limite mínimo de luminosidade deve ser observado.

O excesso da luz solar deve ser controlado com cortinas e persianas. Há uma tendência em se aproveitar a luz natural, sempre complementando-a com a iluminação artificial. Ao longo do dia, as pessoas têm necessidades diferentes, normalmente decrescentes de iluminação, sendo que a identificação dessa variação pode auxiliar no rendimento do trabalho. A iluminação com cores diferentes torna o ambiente de trabalho menos monótono, causando sensação de bem-estar. Também é possível utilizar recursos de iluminação em paredes, para torná-las mais aconchegantes. Além da iluminação geral, algumas atividades na área da beleza exigem uma iluminação mais pontual na mesa de trabalho, como é o exemplo de atividades de estética facial e maquiagem.

O computador nunca deve receber a luz natural da janela diretamente na tela. O ofuscamento prejudica a concentração e a saúde. É importante a utilização de lâmpadas fluorescentes (luz fria) e que economizem energia.

Conforto térmico

Do ponto de vista físico, confortável é o ambiente cujas condições permitam a manutenção da temperatura interna do organismo humano sem a necessidade de serem acionados os mecanismos fisiológicos termorreguladores, ou seja, é necessário que haja um balanço térmico do corpo com o meio ambiente.

A manutenção da temperatura interna do organismo relativamente constante, em ambientes cujas condições termo-higrométricas são as mais variadas possíveis, se faz por intermédio de seu sistema termorregulador, que comanda a redução ou o aumento das perdas de calor pelo organismo por meio de alguns mecanismos de controle. A termorregulação, apesar de ser o meio natural de controle de perdas de calor pelo organismo, representa um esforço extra e, por conseguinte, uma queda de potencialidade de trabalho. As reações fisiológicas ao estresse térmico incluem mudanças no metabolismo, dilatação e contração de vasos sanguíneos, aumento ou diminuição da pulsação cardíaca, suor, tiritar e eriçar de pelos, entre outros. As doenças brônquio-asmáticas e cardiovasculares mostram-se muito sensíveis à variabilidade da temperatura do ar e, consequentemente, de índices de conforto térmico.

O conforto térmico no interior das edificações depende de aspectos como insolação, ventos, posicionamento do edifício no lote, tipo de fachada, espessura de paredes, dimensão das aberturas e materiais empregados. O sistema de ar-condicionado é um recurso complementar que, quando bem planejado, ajuda a garantir o bem-estar térmico. O ideal é que o sistema de refrigeração ou aquecimento do ar seja desenvolvido juntamente com o projeto da edificação, independentemente de seu porte. Dessa forma, é possível adotar opções mais eficientes, reduzir interferências com outros sistemas, prever necessidades elétricas e escolher equipamentos que garantam a melhor relação custo/benefício para cada empreendimento.

A qualidade do ar respirado no interior de edificações bem como os cuidados com os equipamentos de ar-condicionado são regulamentados no Brasil por meio da Portaria 3.523 do Ministério da Saúde (Brasil, 1998) e da Resolução 176 do Ministério da Saúde e da ANVISA (Brasil, 2000), que a regulamentou. Elas estabelecem uma taxa mínima de renovação de ar, recomendam valores máximos permitidos de contaminação biológica (bactérias, fungos e vírus) e química (gases e aerossóis) e de umidade relativa do ar, além de sugerirem métodos de análise do ar e definirem a periodicidade dos procedimentos de limpeza e manutenção dos componentes do sistema de ar-condicionado.

As pessoas, em um ambiente termicamente confortável, produzem mais, sentem-se mais dispostas e ficam mais propensas a consumirem, pois preferem permanecer em um ambiente agradável.

Organização do trabalho

Agendas lotadas e jornadas de trabalho ampliadas com atendimentos em horário de almoço e à noite fazem parte da rotina dos profissionais da área da beleza. No longo prazo, essas condições de trabalho prejudicam enormemente a saúde física e psicológica dos profissionais. É necessário que o trabalhador organize seus horários de atendimento, intercalando horários para descanso, alongamentos e pequenas caminhadas — em especial manicures, podólogos, esteticistas, massagistas e cabeleireiros.

Exigências de produtividade e de ritmo de trabalho extenuantes possibilitam o aumento da tensão muscular, prejudicando a nutrição sanguínea dos músculos com possibilidade de ocorrência de dor muscular e futuras complicações do quadro. A saúde psicológica também é prejudicada, gerando alternâncias de humor, alteração do sono, fadiga e doenças nervosas, podendo evoluir para doenças gastrintestinais (gastrites e úlceras).

Entretanto, é possível conciliar trabalho bem organizado com prazer pelo que se faz. O sentimento de prazer desencadeia a liberação de endorfinas (analgésicos internos); em virtude disso, pessoas insatisfeitas no trabalho podem ter maior tendência a sentir dor e cansaço do que as que trabalham prazerosamente.

A maioria das atividades realizadas por profissionais da beleza envolve riscos ergonômicos, conforme relacionado abaixo:

Tabela 5.1 **Riscos ergonômicos a que profissionais da área da beleza estão expostos**

Riscos	Atividades
Postura incorreta	Manicure, pedicuro, massagista ou massoterapeuta, maquiagem, trabalho no computador e telefone.
Movimentos repetitivos	Manicure, pedicuro, massagista ou massoterapeuta, cabeleireiro, trabalho no computador e telefone.
Ferramentas manuais	Atividades envolvendo alicates, tesouras, pinças, secadores e outros equipamentos.
Ambiente de trabalho	Mobiliários, equipamentos e condições ambientais inadequadas.
Organização do trabalho	Pressão psicológica, agendas sobrecarregadas.

Para evitar que esses riscos comprometam as atividades e a saúde do trabalhador, é necessário um ajuste entre as condições de trabalho e o homem sob os aspectos de praticidade, conforto físico e psíquico por meio de melhoria no processo de trabalho, melhores condições no local de trabalho, modernização de máquinas e equipamentos, melhoria no relacionamento entre as pessoas, alteração no ritmo de trabalho, ferramentas e posturas adequadas.

Referências Consultadas

▶ ABNT (Associação Brasileira de Normas Técnicas). NBR 10152: Níveis de ruído para conforto acústico. Rio de Janeiro; 1987.

▶ Brasil. Ministério da Saúde. Organização Pan-Americana da Saúde. Doenças relacionadas ao trabalho: manual de procedimentos para os serviços de saúde. Série A. Normas e Manuais Técnicos; n. 114. Brasília; 2001.

▶ Brasil. Instituto Nacional de Seguridade Social. Ordem de Serviço/INSS nº 606/1998, de 5 de agosto de 1998, que aprova a norma técnica sobre distúrbios osteomusculares relacionados ao trabalho. Diário Oficial da União, Brasília, Distrito Federal, de 19 de agosto de 1999. Seção I, p. 29514.

▶ Brasil. Ministério da Saúde. ANVISA (Agência Nacional de Vigilância Sanitária). Resolução RE nº 176 de 24 de outubro de 2000. Padrões referenciais de qualidade do ar interior em ambientes climatizados artificialmente de uso público e coletivo. Brasília: MS; 2000.

▶ Brasil. Ministério da Saúde. Portaria GM/MS 3.523, de 28 de agosto de 1998. Qualidade do ar de interiores em ambientes climatizados. Brasília: MS; 1998.

▶ Brasil. Ministério do Trabalho e Emprego. NR 17: Ergonomia. Brasília: MTE. Disponível em: http://www.mte.gov.br/legislacao/normas_regulamentadoras. Acessado em novembro de 2009.

▶ Brasil. Decreto nº 2172 de 5 de março 1997. DOU de 06/03/97. Aprovação do regulamento dos benefícios da previdência social.

▶ Codo W. Apresentação. In: Codo W, Almeida MCCG. L.E.R.: diagnóstico, tratamento e prevenção. Petrópolis: Vozes; 1995. P. 355.

▶ Couto HA. Adeus, Henry Ford. Proteção. Rio Grande do Sul, nº 49, p. 5, jan. 1996.

▶ Couto HA. O que uma empresa perde com a falta e o que ela ganha com a ergonomia: alguns números interessantes. Belo Horizonte: Informativo Ergo; mar/abr 1997.

▶ Dejours CA. A loucura do trabalho: estudo de psicopatologia do trabalho. 5. ed. São Paulo: Cortez; 1992.

▶ Ergonet: ergonomia on-line. Disponível em: http://www.ergonet.com.br/info.htm. Acessado em novembro de 2009.

▶ Fischer FM, Paraguay AI. A ergonomia como instrumento de pesquisa e melhoria das condições de vida e trabalho. In: Fischer FM et al. Tópicos de saúde do trabalhador. São Paulo: Hucitec: 1989. P. 19-72.

▶ Higgs PE, Mackinnon SE. Repetitive motion injuries. Ann Rev Med 1995;46:1-16.

▶ Holsbach LR, Conto JA, Godoy PCC. Avaliação dos níveis de ruído ocupacional em unidades de tratamento Intensivo. In: Congreso Latinoamericano de Ingeniería Biomédica, Havana Cuba; 2001.

▶ Mascia FL. O trabalho da supervisão: o ponto de vista da ergonomia. In: Falzon, Pierre, organizador. Ergonomia. 1. ed. São Paulo: Blucher; 2007. P. 609-625.

▶ Organização Internacional do Trabalho. Recomendação nº 112. Brasília: OIT; 1959.

▶ Settimi MM, Silvestre MP. Lesões por esforço repetitivo: um problema da sociedade brasileira. In: Codo W, Almeida MCCG. LER:.diagnóstico, tratamento e prevenção. Petrópolis:Vozes; 1995. P. 32 1-355.

▶ Vichietini JJ, Menezes JMC. LER/DORT no detalhamento de projetos. Monografia. Limeira: Faculdades Integradas Einstein de Limeira; 2006.

▶ Villas-Bôas RDS. Análise macroergonômica do trabalho em empresa de artigos de perfumarias e cosméticos: um estudo de caso. Dissertação. Porto Alegre: Universidade Federal do Rio Grande do Sul; 2003.

6

Métodos e Agentes de Limpeza, Desinfecção e Esterilização

Infecção cruzada é um termo utilizado para referir-se à transferência de micro-organismos de uma pessoa ou objeto para outra, resultando necessariamente em uma infecção.

A higiene e a ordem são elementos decisivos no controle de **infecções cruzadas**, além de possuírem particular importância para a sensação de bem-estar, segurança e conforto dos profissionais e clientes de um estabelecimento de beleza.

A transmissão de infecções nesses locais está relacionada à execução inadequada das práticas e rotinas de trabalho, especialmente nos procedimentos de limpeza e desinfecção de utensílios e do ambiente. Portanto, faz-se necessário o aperfeiçoamento dessas técnicas, que gerarão garantias de proteção ao trabalhador e ao cliente durante a execução dos procedimentos em cosmetologia e estética.

Deve-se lembrar que os métodos de desinfecção e de esterilização não são tão simples. É necessário considerar que existem processos inadequados para determinados tipos de materiais, especialmente os materiais termolábeis ou termossensíveis.

Ressalta-se ainda que alguns artigos precisam estar estéreis para determinado uso, enquanto outros podem estar apenas limpos ou desinfetados.

Baseado nos princípios da biossegurança, o profissional da beleza deve possuir ou adquirir conhecimentos relacionados às práticas de limpeza, desinfecção e esterilização, conforme abordado neste capítulo, iniciando com informações e conceitos que comparam e diferenciam esses processos de acordo com a Tabela 6.1.

Tabela 6.1 Processos de limpeza, desinfecção, antissepsia, sanitização e esterilização: objetivos, procedimentos e produtos utilizados

Processo	Objetivos	Procedimentos e produtos
Limpeza	Eliminação ou redução de matéria orgânica e sujidades em superfícies e objetos.	Ação mecânica utilizando técnicas manuais ou automatizadas. Ação química de detergentes e sabões.
Desinfecção	Redução do número de micro-organismos potencialmente patogênicos em objetos e superfícies, sem ocorrer, necessariamente, a destruição de certos vírus e esporos.	Ação de agentes químicos desinfetantes ou processos físicos como calor e radiações.
Antissepsia	Redução do número de micro-organismos potencialmente patogênicos em tecidos vivos, sem ocorrer, necessariamente, a destruição de certos vírus e esporos.	Ação de agentes químicos antissépticos.
Sanitização	Redução do número de micro-organismos em ambientes.	Ação de agentes químicos desinfetantes ou processos físicos como radiações.
Esterilização	Destruição de TODAS as formas microbianas, inclusive vírus e esporos bacterianos e fúngicos.	Ação de agentes químicos esterilizantes ou processos físicos como calor, gases, **plasma de peróxido de hidrogênio,** radiações e outros.

Esterilização por plasma de peróxido de hidrogênio — o plasma é formado pela aceleração de moléculas de peróxido de hidrogênio quando submetidas a um campo eletromagnético formando radicais livres. Estes interagem com as substâncias celulares como enzimas, fosfolipídios, DNA, RNA e outros, impedindo o metabolismo ou a reprodução dos micro-organismos. É utilizado para artigos sensíveis a altas temperaturas, é rápido e atóxico, porém seu custo atual é muito alto.

6.1 Limpeza

A limpeza é o processo de redução de materiais estranhos (matéria orgânica e sujidades) de superfícies e objetos. É realizada por meio da aplicação de energia (química, mecânica ou térmica) por um determinado período de tempo. O processo de limpeza visa à remoção da sujeira visível; remoção, redução ou destruição dos micro-organismos patogênicos; contribuição para o controle da disseminação de contaminação biológica ou química. A presença de sujeira, principalmente matéria orgânica, pode servir de substrato à proliferação ou favorecer a presença de vetores (ratos, baratas, formigas etc.) e micro-organismos (fungos, bactérias etc).

Tipos de energias empregadas no processo de limpeza:

- **A energia química** (ver Figuras 6.1 e 6.2) provém da ação de produtos que têm a finalidade de limpar por meio das propriedades de dissolução, dispersão e suspensão da sujeira, como sabões e detergentes; ou propriedades líticas por meio de enzimas.

- **A energia mecânica** é proveniente de uma ação física aplicada sobre a superfície para remover a sujeira resistente à ação de produto químico, o que pode ser obtido pelo ato de esfregar manualmente com vassoura, esponja, escova, pano ou com o uso de uma máquina de lavar.

- **A energia térmica** é proveniente da ação do calor que reduz a viscosidade da gordura, tornando-a mais facilmente removível pela aceleração da ação química.

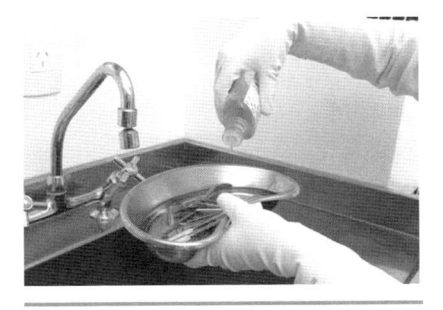 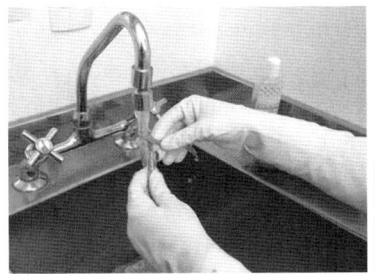

©RAMOS E COLS.

Figura 6.1 **Uso de detergentes na limpeza de artigos utilizados por manicures.**

Figura 6.2 **Enxágue dos artigos.**

▶

6.1.1 Agentes químicos utilizados na limpeza

São as substâncias que apresentam como finalidade a limpeza e conservação de superfícies inanimadas. Os exemplos mais comuns são: detergentes; alvejantes; antiferruginosos; desincrustantes ácidos e alcalinos; limpa-móveis, limpa-vidros; sabões; saponáceos e outros. Os detergentes serão abordados devido a sua maior utilização.

Detergentes comuns

Detergentes são substâncias que têm a propriedade de tornar solúveis em água substâncias que não são solúveis ou que têm baixa solubilidade. Eles agem basicamente sobre as gorduras, mas pouco agem sobre as proteínas e polissacarídeos, componentes abundantes na matéria orgânica. Eles possuem uma **estrutura básica** composta de duas partes: (1) hidrofílica, que se liga às moléculas de água e (2) hidrofóbica, que se liga às moléculas da substância a ser solubilizada (como matéria orgânica), fazendo uma "ponte" entre as substâncias e as moléculas de água e permitindo que sejam removidas.

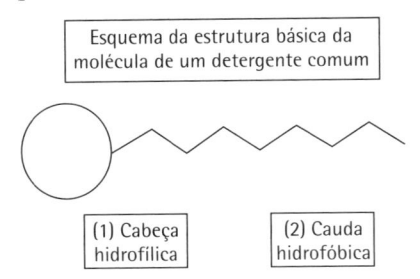

Esquema da estrutura básica da molécula de um detergente comum

(1) Cabeça hidrofílica

(2) Cauda hidrofóbica

Os detergentes comuns são mais conhecidos como detergentes iônicos, sendo o constituinte principal um tensoativo aniônico, que possui maior poder de limpeza, pela sua capacidade de retirar a matéria orgânica.

Detergentes enzimáticos

O princípio ativo inovador e mais importante dos *detergentes enzimáticos*, como o próprio nome diz, são as enzimas. Enzimas são substâncias bioquímicas (proteínas) que têm a propriedade de promover transformações específicas em outras substâncias bioquímicas, como as gorduras, as proteínas e os açúcares. O processo de digestão de alimentos que ocorre no organismo humano se dá essencialmente à base de enzimas que decompõem as estruturas moleculares complexas em estruturas simples podendo, então, ser absorvidas pelas células dos intestinos.

As enzimas que constituem os detergentes enzimáticos são basicamente de três tipos:

- proteases: decompõem as proteínas;
- amilases: decompõem os polissacarídeos;
- lipases: decompõem as gorduras.

Os detergentes enzimáticos realizam um processo semelhante ao da digestão e o fazem de forma rápida, sendo mais eficientes sobre a matéria orgânica que os detergentes iônicos, pois agem de forma específica, não danificando os materiais constituintes dos utensílios, artigos, equipamentos e instrumentos.

Em estabelecimentos da área da saúde e beleza, o tipo de matéria orgânica mais crítica é o que contém proteínas e células vivas, principalmente secreções e sangue, pois são nelas que os micro-organismos patogênicos se proliferam. Uma porção microscópica de matéria orgânica, que pode passar despercebida aos olhos humanos — por exemplo, dentro da articulação de um instrumento —, é o suficiente para conter um foco infeccioso com milhares de bactérias.

Os detergentes enzimáticos agem na etapa da limpeza completa dos materiais, removendo detritos e sujidades, especialmente matéria orgânica, tendo como consequência a diminuição de grande parte dos micro-organismos presentes em qualquer objeto.

6.2 Antissepsia

Antissepsia é o processo pelo qual se faz a descontaminação em tecidos vivos. É realizada nas mãos do profissional por meio da lavagem (limpeza) e do uso de soluções antissépticas (ver o Capítulo 9). Na área da saúde, a antissepsia também é realizada no paciente, por exemplo, antes de uma intervenção cirúrgica no local da incisão. *Assepsia* é o conjunto de medidas que permitem manter um ser vivo ou um meio inerte isentos de micro-organismos, enquanto a antissepsia refere-se à desinfecção de tecidos vivos por meio de antissépticos.

6.3 Desinfecção

Desinfecção é o processo de destruição de agentes infecciosos em forma vegetativa potencialmente patogênicos, existentes em superfícies inertes — não destruindo, contudo, esporos bacterianos. A desinfecção pode ocorrer por meio da aplicação de meios físicos ou químicos (os desinfetantes).

O processo de desinfecção pode ser afetado por diferentes fatores:

- limpeza prévia do material;
- período de exposição ao agente desinfetante;
- concentração da solução desinfetante;
- temperatura e pH do processo de desinfecção.

Sabe-se que não existe um desinfetante universal que seja ideal para todos os tipos de materiais; entretanto, existem características que devem ser levadas em consideração no momento da escolha de um desinfetante. Abaixo estão relacionadas as características desejáveis de um agente desinfetante:

- amplo espectro de ação;
- ação rápida;
- não deve ser afetado por fatores ambientais como a luz;
- deve ser ativo na presença de matéria orgânica;
- deve ser compatível com sabões, detergentes e outros produtos químicos;
- atóxico (não deve ser irritante para o usuário);
- compatível com diversos tipos de materiais (não corrosivo em superfícies metálicas e não deve causar deterioração de borrachas, plásticos e outros materiais);
- efeito residual na superfície;
- fácil manuseio;
- inodoro ou de odor agradável;
- econômico;
- solúvel em água;
- estável em concentração original ou diluído;
- não poluente.

6.4 Descontaminação

Descontaminação é o termo usado para descrever um processo ou tratamento que torna um material, instrumento ou superfície seguro para o manuseio, mas não necessariamente seguro para a utilização no cliente, uma vez que o procedimento de descontaminação pode variar desde um processo de esterilização ou desinfecção até a simples lavagem com água e detergente.

Usualmente, a descontaminação é apenas a primeira etapa de um processo de esterilização ou desinfecção e, como tal, denominado *descontaminação prévia*, pois reduz consideravelmente a carga biológica, tornando a limpeza, a desinfecção e a esterilização mais fáceis, menos dispendiosas e com menor probabilidade de causar infecções.

A descontaminação prévia tem sido realizada pela imersão dos materiais com presença de matéria orgânica, micro-organismos e outros resíduos decorrentes do uso, em uma solução desinfetante por um tempo de exposição que varia de 15 a 30 minutos, objetivando-se a eliminação ou a redução dos micro-organismos presentes, antes de submetê-los à limpeza mecânica com água e sabão, com vistas a minimizar os riscos ocupacionais. Porém, a presença de matéria orgânica (sangue, secreções, pus) pode interferir na atividade antimicrobiana dos desinfetantes ou mesmo constituir-se em uma barreira física de proteção aos micro-organismos durante os processos de desinfecção ou esterilização por meios físicos ou químicos. A descontaminação prévia, além de exigir uma segunda etapa para a conclusão do processo, torna-o mais dispendioso, exige maior tempo, expõe o material a produtos que podem corroê-lo com o tempo, mas, em algumas situações, é necessária para minimizar riscos ocupacionais.

Em casos de derramamentos ou respingos de agentes químicos ou materiais infectados no ambiente de trabalho, recomenda-se a realização da chamada *descontaminação localizada,* que consiste na aplicação do desinfetante no local do derramamento, aguardando o devido tempo de ação, e posterior remoção com um pano específico para esse fim. O processo normal de limpeza deve ser realizado após a descontaminação localizada, sendo que, durante ambos os processos, o operador deverá utilizar corretamente os EPIs. Em seguida, o pano de limpeza utilizado deve ser devidamente descontaminado. Outra opção para a descontaminação localizada consiste na remoção do material tóxico ou contaminante com um papel toalha, descarte em lixo tóxico ou biológico, seguindo a descontaminação com pano de limpeza específico.

6.5 Alguns agentes químicos utilizados como desinfetantes, descontaminantes e antissépticos

6.5.1 Alcoóis

Utilizam-se os alcoóis etílico e isopropílico, bactericidas rápidos que agem contra os fungos e os vírus, eliminando também o bacilo da tuberculose — sem agir, porém, contra os esporos bacterianos. Sua concentração ótima dá-se entre 60% e 90% por volume; sua atividade diminui muito com concentração abaixo de 50%.

Suas propriedades são atribuídas ao fato de causarem desnaturação das proteínas quando na presença de água. Observa-se também ação bacteriostática pela inibição da produção de metabólitos essenciais para a divisão celular rápida. São usados como desinfetantes de alto nível para alguns materiais semicríticos e para os não críticos. Não se prestam à esterilização, por não apresentarem atividade contra esporos bacterianos. Os alcoóis não devem ser usados em materiais constituídos de borracha e certos tipos de plásticos, podendo danificá-los. Evaporam rapidamente, dificultando exposição prolongada, a não ser por imersão do material a ser desinfetado.

6.5.2 Compostos biclorados

Geralmente usam-se os hipocloritos de sódio ou cálcio, apresentando amplo espectro de atividade antimicrobiana, com baixo custo e ação rápida. Alguns fatores — como temperatura, concentração, presença de luz e pH — levam à sua decomposição, interferindo em suas propriedades. Acredita-se que esses produtos agem por inibição de algumas reações enzimáticas-chave dentro das células microbianas, por desnaturação de proteína e por inativação do ácido nucleico. Ativos contra o bacilo da tuberculose, vírus e fungos, são geralmente usados para desinfecção de materiais semicríticos e não críticos.

6.5.3 Peróxido de hidrogênio

O peróxido de hidrogênio é um composto bactericida, esporicida, fungicida e que elimina também os vírus. Age produzindo radicais hidroxila livres que atacam a membrana lipídica, o ácido desoxirribonucleico e outros componentes essenciais à vida da célula microbiana. É usado como desinfetante em concentração de 3%, para superfícies não orgânicas. Não é usado como esterilizador, por ter atividade inferior à do glutaraldeído.

6.5.4 Compostos iodados

São compostos combinados de iodo e um agente solubilizante, ou carreador. O exemplo de solução mais usada é a polivinilpirrolidona iodada (PVPI), que mantém as propriedades desinfetantes do iodo sem características tóxicas ou irritantes. O composto iodado penetra a parede celular dos micro-organismos, rompendo a estrutura e a síntese das proteínas e do ácido nucleico. É bactericida e virucida, mas necessita de contato prolongado para eliminar o bacilo da tuberculose e os esporos bacterianos. Usado como antisséptico e desinfetante, não é adequado para desinfecção de superfícies devido à sua coloração.

6.5.5 Glutaraldeídos

Os dialdeídos saturados são largamente aceitos como desinfetantes de alto nível e quimioesterilizadores. A solução aquosa de glutaraldeído necessita de pH alcalino para eliminar esporos bacterianos. Age alterando os ácidos desoxirribonucleico e ribonucleico, bem como a síntese proteica dos micro-organismos. É mais comumente usado como desinfetante de alto nível para equipamentos médicos — como endoscópios, transdutores, equipamento de anestesia e de terapia respiratória e de hemodiálise —, os quais não podem ser autoclavados, devido à alta temperatura. Possui o inconveniente de precisar ser retirado do material esterilizado após o processo, geralmente com água purificada. Essa etapa final deve ser realizada devido à alta toxicidade do glutaraldeído, onerando sobremaneira todo o processo e tornando pouco prático quando aplicado na área da beleza.

6.5.6 Derivados dos fenóis

Em altas concentrações, os fenóis agem penetrando e rompendo a parede celular das bactérias por precipitação de proteínas. Em baixas concentrações, causam morte celular por inativação dos sistemas enzimáticos essenciais à manutenção da integridade da parede celular. São usados para desinfecção do ambiente hospitalar, incluindo superfícies de laboratórios e artigos médicos não críticos. Os exemplos mais comuns de compostos fenólicos utilizados como desinfetantes e antissépticos são o hexaclorofeno e clorhexidina.

6.5.7 Compostos quaternários de amônia

Os compostos quaternários de amônia são bons agentes de limpeza, porém são inativados por material orgânico (como gaze, algodão e outros), não sendo mais usados como desinfetantes ou antissépticos. Cada um dos diferentes compostos quaternários de amônia tem sua própria ação antimicrobiana, atribuída à inativação de enzimas produtoras de energia, desnaturando proteínas essenciais das células e rompendo a membrana celular. São recomendados para sanitização do meio ambiente, como superfícies não críticas, chão, móveis e paredes.

Veja a seguir algumas informações úteis sobre os agentes antissépticos e desinfetantes mais utilizados em estabelecimentos de saúde e beleza.

Tabela 6.2 **Características e propriedades de agentes antissépticos e desinfetantes mais utilizados na área da saúde e beleza**

Produto	Concentração	Tempo de aplicação	Nível de desinfecção	Restrições no uso	Uso de EPIs
Álcool etílico	70%	Variável	Médio	Danifica acrílico e borracha	Luvas de látex
Hipoclorito de sódio	De 25 a 1000 ppm (0,0025% a 0,1%)	Variável, dependendo da concentração	Médio	Danifica metais e mármore	Avental impermeável, luva de látex de cano longo, máscara, óculos
Peróxido de hidrogênio	De 0,6% a 7,5%	10 a 60 minutos	Alto	Incompatível com metais	Avental impermeável, luva de látex de cano longo, máscara, óculos

Tabela 6.2 **Características e propriedades de agentes antissépticos e desinfetantes mais utilizados na área da saúde e beleza** (*continuação*)

Produto	Concentração	Tempo de aplicação	Nível de desinfecção	Restrições no uso	Uso de EPIs
Glutaral-deído	No mínimo 2%	Pode variar de poucos minutos (quando é ativo contra a maior parte dos vírus) até 10 horas (quando tem sua maior ação contra formas esporuladas)	Alto	Material poroso retém o produto	Máscara de filtro químico, avental impermeável, óculos, luva de látex de cano longo, sapatos fechados
Clorhexi-dina	De 0% a 4% em solução aquosa	Variável	Médio	Não relatado	Luvas, máscara

6.6 Esterilização

Esterilização é o processo utilizado para completa destruição de micro-organismos, incluindo todas as suas formas, inclusive as esporuladas, com a finalidade de prevenir infecções e contaminações decorrentes de procedimentos invasivos durante a utilização de artigos críticos.

Dentre outros processos, a esterilização pode ser realizada por meio de:

- Processos químicos:
  - glutaraldeído;
  - formaldeído;
  - ácido peracético.
- Processos físicos:
  - vapor saturado (autoclave);
  - calor seco (estufa);
  - raios gama (cobalto).
- Processos físico-químicos:
  - óxido de etileno;
  - plasma de peróxido de hidrogênio;
  - vapor de formaldeído.

Os processos químicos e físico-químicos são indicados para materiais termossensíveis, porém seu uso fica restrito a hospitais de grande porte e, devido ao alto custo de instalação e manutenção, muitas vezes esses serviços são terceirizados.

A esterilização por processos físicos dá-se principalmente por meio de calor úmido (vapor saturado), calor seco ou radiação. A esterilização por radiação tem sido utilizada em nível industrial, principalmente para artigos médico-hospitalares —como seringas, agulhas e outros. Ela permite uma esterilização à baixa temperatura, mas é um método de alto custo. Para materiais que resistam a altas temperaturas, a esterilização por calor é o método de escolha, pois não forma produtos tóxicos, é seguro e de relativamente baixo custo.

6.6.1 Esterilização por meio de calor úmido (vapor saturado)

O equipamento utilizado é a **autoclave** (ver Figura 6.3), que consiste em uma câmara com vapor de água saturado à pressão de 1 atmosfera (atm) acima da pressão atmosférica normal, o que corresponde, em locais ao nível do mar, a uma temperatura de ebulição da água de 121°C.

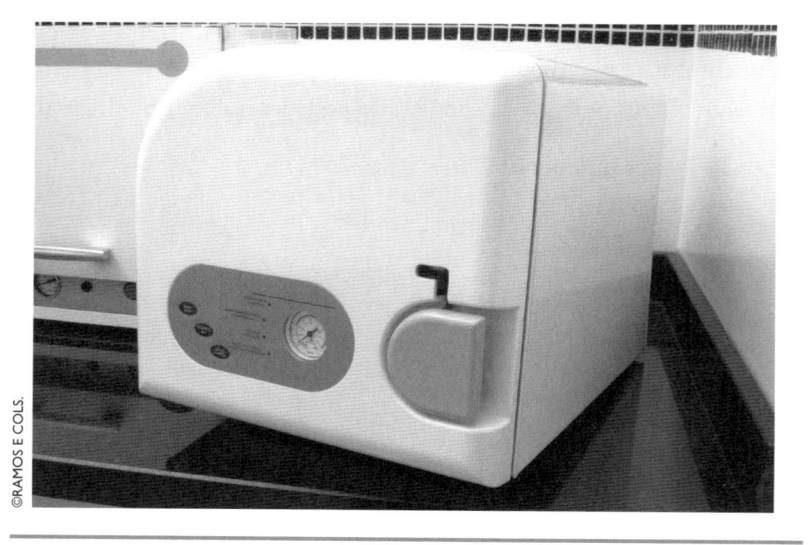

©RAMOS E COLS.

Figura 6.3 Autoclave

Trata-se do método de escolha para esterilização por calor. Essa preferência se justifica por preservar, até certo ponto, a estrutura dos instrumentos metálicos e de corte, por permitir a esterilização de tecidos, vidros e líquidos, desde que observados diferentes tempos de exposição e invólucros. O mecanismo de ação biocida é feito pela transferência do calor latente do vapor para os artigos, e esse calor age coagulando proteínas celulares e inativando os micro-organismos. Os artigos termossensíveis (como alguns tipos de plásticos) não devem sofrer autoclavagem.

Etapas para processamento da autoclave

Invólucros

Após limpeza e secagem, os artigos deverão ser acondicionados para serem submetidos ao ciclo de esterilização na autoclave. Os instrumentos articulados — tesouras, pinças e alicates — devem ser embalados abertos no interior do pacote e, se preciso, lubrificados. Como invólucros para esse processo, existem o papel grau cirúrgico (ver Figura 6.4), o filme plástico de polipropileno, o algodão cru duplo com 56 fios, o papel crepado, entre outros. O uso de papel *Kraft* não é recomendado, devido a sua frágil barreira bacteriana, não uniformidade de fibras e liberação de produtos tóxicos.

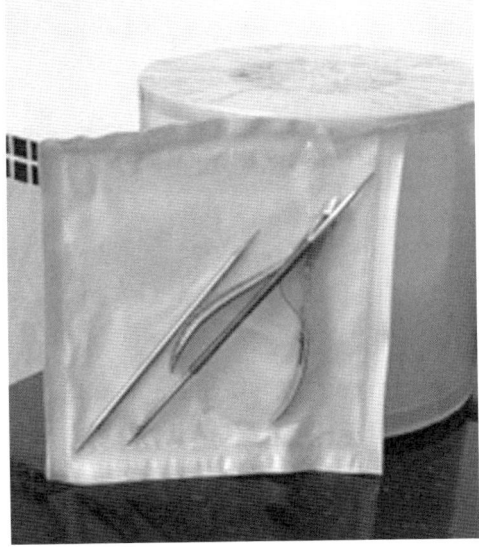

Figura 6.4 **Papel grau cirúrgico** ▸

©RAMOS E COLS.

Os invólucros sem visor transparente deverão ser identificados quanto ao conteúdo e todos deverão conter a data de validade da esterilização. Todas as embalagens deverão portar um pedaço de fita de indicação química externa para diferenciar e certificar que os pacotes passaram pelo processo.

O invólucro de papel grau cirúrgico com filme de poliamida e plásticos pode vir em forma de envelopes prontos ou rolos de diferentes tamanhos e larguras contendo indicadores químicos. Se utilizados em rolo, deverão ser selados a quente com **seladoras** próprias (ver Figura 6.5).

Os invólucros de papel crepado ou tecido deverão obedecer a um método de dobradura para possibilitar a abertura asséptica do pacote.

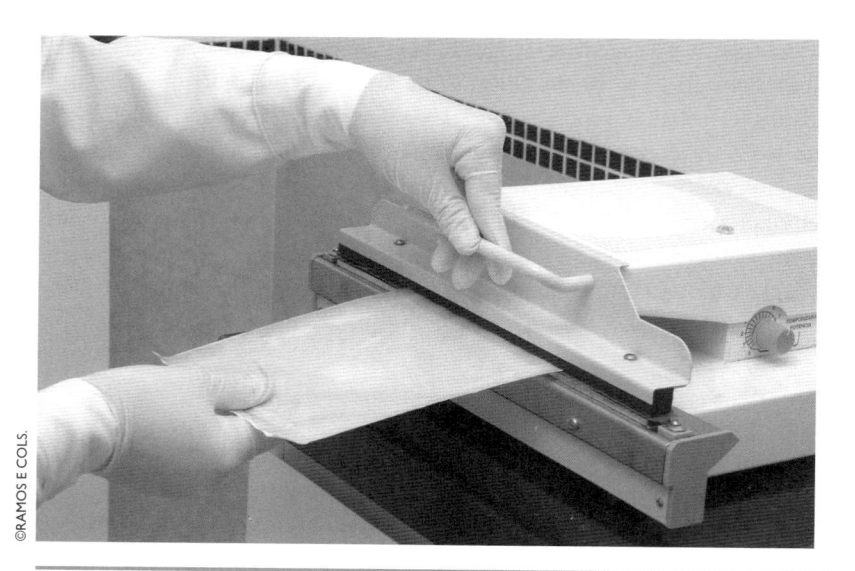

©RAMOS E COLS.

Figura 6.5 **Seladora** ▶

Colocação da carga na autoclave

Os artigos embalados em papel (de diferentes tipos) e os artigos embalados em tecido não podem ter contato entre si, pois retêm umidade. Se tiverem de ser colocados na mesma carga, devem ser posicionados em prateleiras diferentes da autoclave (ver Figura 6.6). Quanto à posição na prateleira, os invólucros devem ficar dispostos no sentido vertical — e

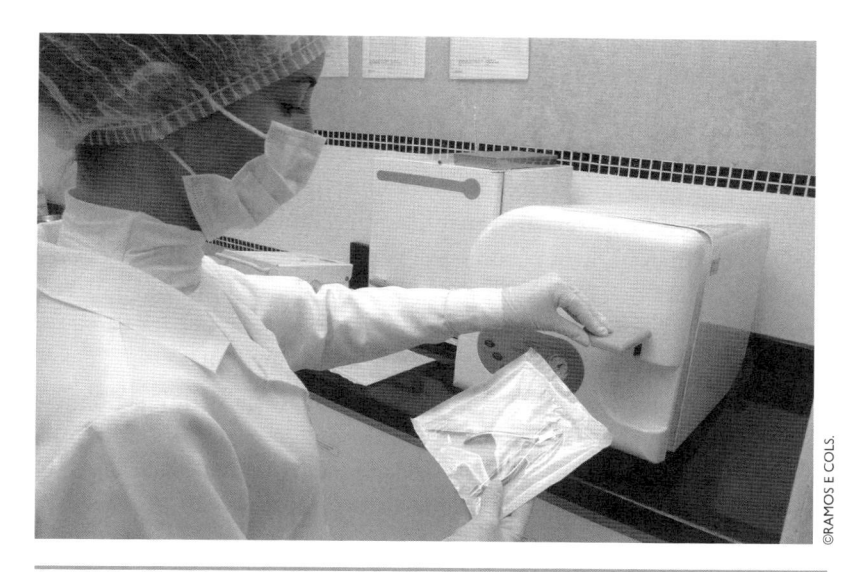

Figura 6.6 **Colocação da carga na autoclave** ▶

nunca camada sobre camada na mesma prateleira, para permitir a exaustão do ar e a circulação do vapor no interior de cada pacote.

Os pacotes não podem encostar nas paredes internas da câmara, assim como a carga não pode ultrapassar 70% da capacidade interna.

Ciclo de esterilização

O ciclo de esterilização consiste em quatro fases: retirada do ar e entrada do vapor; esterilização; secagem; e admissão de ar filtrado para restauração da pressão interna. Os equipamentos têm diferentes formas de programação de ciclos, quanto ao tempo de exposição e utilização de água destilada em diferentes quantidades. Portanto, devem ser seguidas as orientações do fabricante. Os ciclos mais comuns para esterilização em autoclaves são realizados com temperatura de 121°C durante 15 a 30 minutos, a uma pressão de 1 atm.

Qualificação do processo

A qualificação tem como objetivo validar a eficácia do processo de esterilização. Existem vários meios de testar a qualidade da esterilização por autoclave.

Os indicadores químicos podem ser internos (dentro dos pacotes) ou externos (fora deles). Os indicadores químicos internos avaliam os parâmetros vapor, temperatura e pressão. São fitas que reagem quimicamente alterando sua cor e são colocadas no interior de cada pacote, sendo conferidas na abertura do pacote. Os indicadores químicos externos, na forma de **fita adesiva termossensível** (ver Figura 6.7), são utilizados apenas para diferenciar os pacotes que passaram pelo processo de esterilização daqueles que ainda não passaram, por meio da mudança da cor das tarjas da fita por sensibilidade à temperatura. Esse indicador não avalia a qualidade da esterilização, apenas a passagem pelo processo.

Os indicadores biológicos são utilizados para testar a eficácia do processo quanto à destruição dos micro-organismos, por meio da utilização de ampolas contendo a bactéria esporulada *Bacillus stearothermophilus* colocadas em locais estratégicos da câmara da autoclave, conforme seu tamanho. Após o ciclo, as ampolas são incubadas. Se o resultado for positivo, com crescimento bacteriano, toda a carga daquele equipamento deverá ser bloqueada e a autoclave deverá ser avaliada por um técnico. No retorno da manutenção, deverá ser realizado novo teste biológico. A periodicidade ideal do teste biológico é de uma vez por semana.

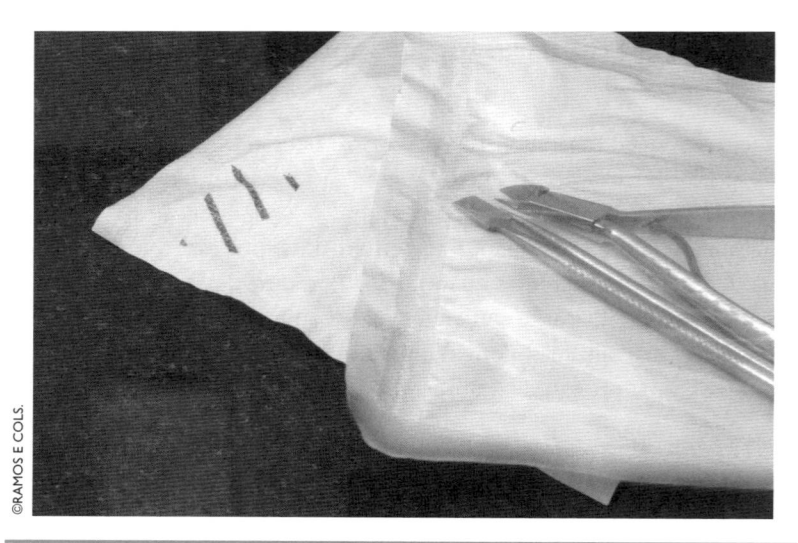

©RAMOS E COLS.

Figura 6.7 **Fita adesiva termossensível**

Estocagem e prazo de validade

A estocagem dos materiais esterilizados é bastante variável e depende do tipo de invólucro, da eficiência do empacotamento e do local de estocagem (se é um local seco, fechado e que não haja circulação de poeira). Entretanto, para maior segurança, recomenda-se a estocagem dos pacotes em armários fechados ou caixas para maior proteção. O manuseio externo dessas embalagens deve ocorrer com as mãos limpas. Considera-se contaminada toda a embalagem rompida ou manchada.

Para papel crepado, a estocagem aproximada é de dois meses em armário fechado. Para papel grau cirúrgico ou polietileno, seis meses em armário fechado (Oppermann e Pires, 2003).

6.6.2 Esterilização por calor seco

Para a esterilização por calor seco, o equipamento utilizado é o **forno de Pasteur** (ver Figura 6.8), usualmente conhecido simplesmente como estufa. A esterilização é gerada por meio do aquecimento e da irradiação do calor, que é menos penetrante e uniforme que o vapor saturado.

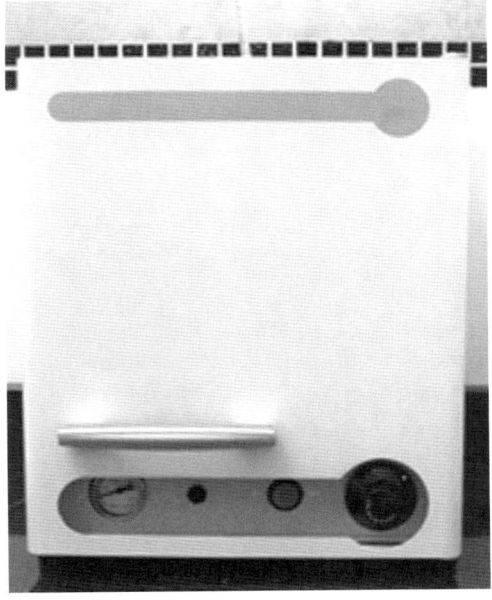

Figura 6.8 **Forno de Pasteur** ▶

©RAMOS E COLS.

Dessa forma, requer um tempo de exposição mais prolongado e maiores temperaturas, sendo inadequado para tecidos, plásticos, borrachas e papel. Esse processo é mais indicado para vidros, metais, pós (talco), ceras e líquidos não aquosos (vaselina, parafina e bases de pomadas).

Etapas para processamento da estufa

Invólucros

Após limpeza e secagem, os artigos deverão ser acondicionados para serem submetidos ao ciclo de esterilização. Como invólucros para esse processo, existem as **caixas metálicas** (ver Figura 6.9), os vidros temperados (tubo de ensaio, placas de Petry) e as **lâminas de papel alumínio** (ver Figura 6.10). Utilizando-se caixas metálicas, estas devem ser fechadas com tampa. Os artigos contidos no interior das caixas devem ter um limite de volume que proporcione a circulação do calor. É preferível que as caixas contenham *kits* de instrumentos a serem usados integralmente em cada procedimento. Se forem utilizadas caixas maiores, contendo grande volume de artigos, recomenda-se envolver cada instrumento ou *kits* em papel alumínio para reduzir a possibilidade de contaminação na

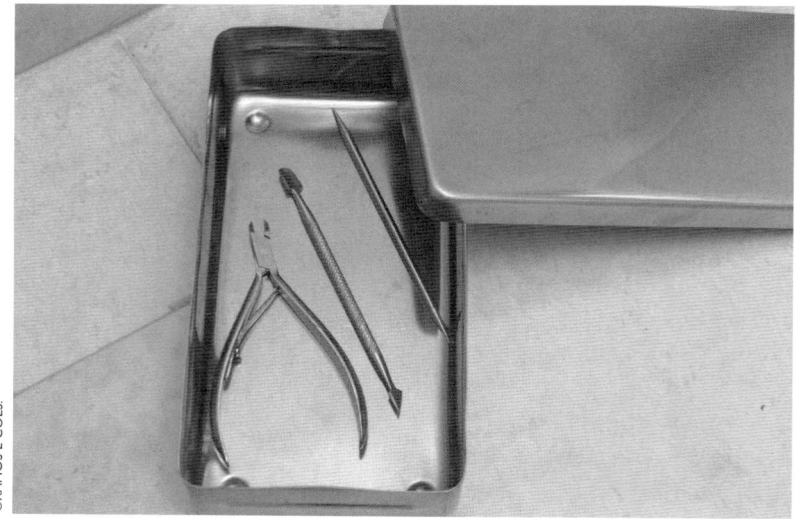

©RAMOS E COLS.

Figura 6.9 **Caixas metálicas**　▶

Figura 6.10 **Lâminas de papel alumínio** ▶

©RAMOS E COLS.

retirada dos instrumentos. Nesse momento deve-se ter o cuidado de evitar o rompimento do papel alumínio. Todos os invólucros deverão conter um pedaço de fita indicadora química do processo de esterilização, bem como a indicação de validade e o nome do *kit* ou instrumento.

Colocação da carga na estufa

Os principais pontos a observar são a não sobrecarga de materiais, deixando espaço suficiente entre eles para haver uma adequada circulação de calor. Não é recomendado o empilhamento de caixas em cada prateleira da estufa (ver Figura 6.11).

Ciclo da esterilização

O ciclo de esterilização em estufa inclui três fases:

1) aquecimento da estufa à temperatura de esterilização preestabelecida;
2) esterilização da carga, incluindo tempo de penetração do calor e tempo de exposição;
3) resfriamento da carga.

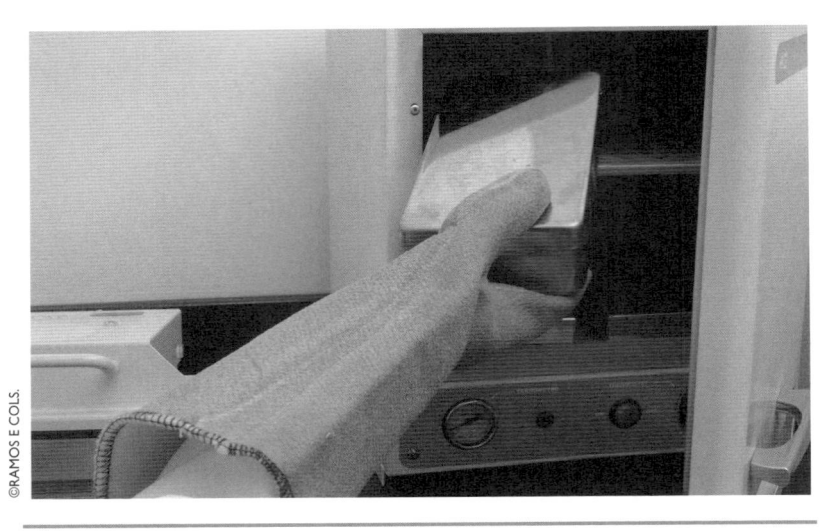

Figura 6.11 Colocação da carga na estufa ▶

A estufa deve ser ligada antes do momento escolhido para a esterilização para ter tempo de chegar à temperatura desejada do ciclo. **As temperaturas variam entre 120°C e 180°C**. Quanto menor a temperatura, maior será o tempo de exposição. As temperaturas mais elevadas são indicadas para instrumentos metálicos.

Tabela 6.3

Temperaturas e tempos recomendados pelo Ministério da Saúde para esterilização em estufa	
170°C	60 minutos
160°C	120 minutos
150°C	150 minutos
140°C	180 minutos
120°C	12 horas

É importante observar que a contagem do tempo de esterilização na estufa só será feita a partir do momento em que atingir a temperatura indicada no **termômetro de mercúrio** (ver Figura 6.12). O termostato

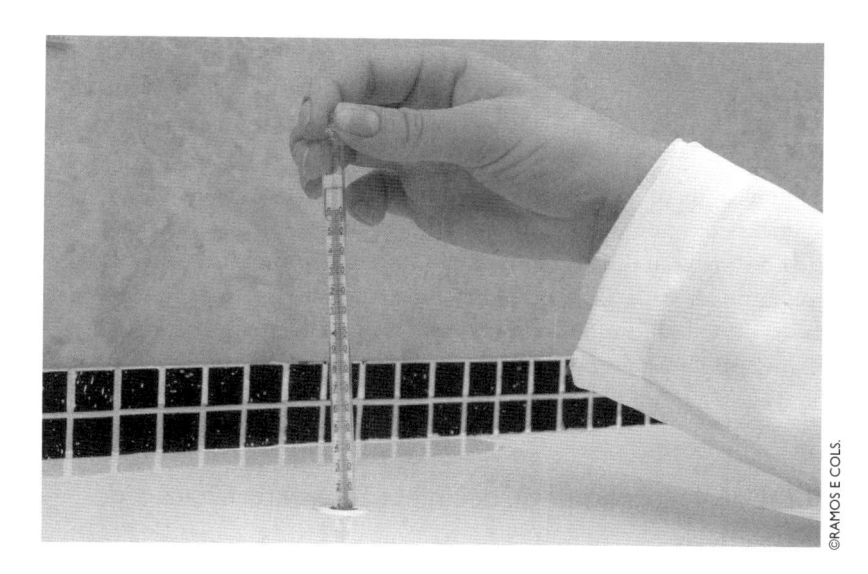

Figura 6.12 **Termômetro de mercúruio**   ▶

original da estufa é usado apenas para a escolha da temperatura, mas o operador deve-se basear na observação de um termômetro instalado no orifício superior da estufa, que indicará o alcance da temperatura escolhida no termostato. Iniciada a contagem do ciclo de esterilização, a estufa não poderá mais ser aberta.

Após o término do ciclo, a estufa deve ser desligada para o resfriamento gradual e lento da carga. A retirada da carga deve ser realizada quando esta estiver fria, pois a retirada da carga ainda quente para uma superfície fria pode ocasionar a condensação de vapor e a retenção da umidade. Para retirada de materiais após o ciclo, recomenda-se uso de pinças próprias para remoção de bandejas, ou luvas de amianto resistentes a calor (ver o Capítulo 10).

Qualificação do processo

Utilização de indicadores químicos externos (na forma de fita adesiva) e indicadores biológicos (por meio da utilização de ampolas de *Bacillus subtilis* colocadas em locais estratégicos da estufa).

Estocagem e prazo de validade

A estocagem dos materiais esterilizados é bastante variável e depende do local de estocagem quanto à umidade e se são prateleiras abertas ou fechadas, o que indicará a circulação de poeira. Entretanto, para maior segurança, recomenda-se a estocagem em armários fechados ou caixas plásticas com tampa. O manuseio interno das caixas metálicas para retirada do material deve ser realizado com técnica asséptica e considera-se contaminada toda a embalagem de papel alumínio rompida. Na utilização de grande número de instrumentos na mesma caixa metálica, se alguns artigos foram retirados para uso recomenda-se o reprocessamento de toda a caixa. Se não utilizada, a caixa lacrada deve ser reprocessada em 30 dias.

6.7 Local para limpeza, desinfecção e esterilização de artigos

O serviço de limpeza, desinfecção ou esterilização de artigos precisa de local específico e próprio para sua realização. O local deve ter dimensões compatíveis com a quantidade de material a ser processado, sendo bem ventilado e iluminado. Deve ser provido de pia, bancada, armários para conservação de produtos de limpeza, desinfecção e descontaminação e ainda os EPIs necessários. Deve haver armários distintos para guarda de utensílios limpos, desinfetados e estéreis, além de instalação elétrica e hidráulica adequadas para o funcionamento dos equipamentos de esterilização — seja estufa Pasteur ou autoclave.

6.8 Funcionários responsáveis pela limpeza, desinfecção e esterilização

Os profissionais encarregados da limpeza, desinfecção ou esterilização de artigos devem ser orientados, segundo um programa de treinamento definido pela gerência do estabelecimento. Esse programa deve contemplar as etapas de cada processo de limpeza, desinfecção ou esterilização de artigos, levando em consideração os cuidados sobre a prevenção de contaminação química e biológica, especialmente por meio da utilização de EPIs.

Existem diferentes tipos de EPIs utilizados de acordo com o risco associado — como luvas de látex de cano longo, sapatos impermeáveis, aventais, jalecos, proteção para cabelos, olhos e mucosas (ver o Capítulo 10). Os procedimentos devem visar não somente à proteção do funcionário, mas de todos que circulam no estabelecimento. O uso de luvas de borracha, por exemplo, deve ser restrito aos procedimentos de limpeza, devendo ser retiradas e manuseadas com técnica correta. O usuário de luvas jamais deve tocar em locais de uso comum (maçanetas, botões de elevadores etc.).

Referências Consultadas

▶ Brasil. Ministério da Saúde. Secretaria de Gestão de Investimentos em Saúde. Projeto Reforsus. Biossegurança, produtos perigosos, gases, climatização e higiene. Brasília: MS; 2002.

▶ ___. Coordenação de Controle de Infecção Hospitalar. Processamento de artigos e superfícies em estabelecimentos de saúde. 2. ed. Brasília: MS; 1994.

▶ Desinfecção. Disponível em: http://www.cih.com.br/desinfetantes.htm. Acessado em novembro de 2009.

▶ Filha AMBB, Costa VG, Bizzo HR. Avaliação da qualidade de detergentes a partir do volume de espuma formado. Química Nova na Escola. nº 9; maio 1999.

▶ Hirata MH, Filho JM. Manual de biossegurança. São Paulo: Manole; 2002.

▶ Nogueira IA. Higiene ocupacional: processamento de artigos. Rio de Janeiro. Disponível em: http://www.higieneocupacional.com.br/download/esterilizacao.ppt. Acessado em novembro de 2009.

▶ Kalil EM, Costa AJF. Desinfecção e esterilização. Acta Ortop Bras. 1994;2(4).

▶ Oppermann CM, Pires LC. Manual de biossegurança para serviços de saúde. Porto Alegre: PMPA/SMS/CGVS; 2003.

▶ Souza ACS, Pereira MS, Rodrigues MAV. Descontaminação prévia de materiais médico-cirúrgicos: estudo da eficácia de desinfetantes químicos e água e sabão. Rev. Latino-Am. Enfermagem. 1998;6(3):95-105.

7

Limpeza, Desinfecção e Esterilização de Artigos Utilizados na Área da Beleza

Os artigos de usos múltiplos em estabelecimentos de saúde e beleza podem se tornar veículos de agentes infecciosos caso não sofram processos de descontaminação após cada uso.

Os locais em que esses artigos são processados e as pessoas que os manuseiam também podem se transformar em fontes de infecção.

Os processos que podem interromper essa cadeia são a limpeza e a desinfecção de artigos e ambientes e a esterilização de artigos, dentro das devidas proporções de necessidade. A limpeza mecânica com água e sabão, realizada manualmente ou automatizada, objetiva a remoção de todo material estranho — como sujidades, secreções e resíduos químicos — bem como a redução dos micro-organismos presentes nos artigos e utensílios, sendo indispensável que ocorra antes dos processos de desinfecção ou esterilização.

Os artigos utilizados na área da beleza compreendem objetos de natureza diversa, como instrumentos (alicates, pinças, espátulas, tesouras etc), utensílios (pentes, escovas de cabelos, lençóis, toalha, pincéis de maquiagem, cubas, espátulas etc.), acessórios de equipamentos e outros.

Durante os processos de limpeza, desinfecção ou esterilização, os artigos devem sofrer constante inspeção visual, a fim de verificar a retirada de sujidades e partículas visíveis.

Na prática, os artigos e materiais devem ser classificados de acordo com o risco potencial de infecção envolvido em seu uso, a fim de definir o tipo de processamento a que será submetido (limpeza, desinfecção ou esterilização):

- **artigos críticos** são os artigos destinados à penetração por meio da pele e mucosas adjacentes, nos tecidos subepiteliais e no sistema vascular, bem como todos os que estejam diretamente conectados a esse sistema. Esses artigos requerem esterilização para satisfazer os objetivos a que se propõem.

- **artigos semicríticos** são os artigos destinados ao contato com a pele não-íntegra ou com mucosas íntegras. Requerem desinfecção de médio ou alto nível, ou esterilização, para que se garanta a qualidade do múltiplo uso dos mesmos.

- **artigos não críticos** são os artigos destinados ao contato com a pele íntegra do paciente. Requerem limpeza ou desinfecção de baixo ou médio nível, dependendo do uso a que se destinam ou da última utilização realizada.

O processamento dos artigos reutilizáveis deve iniciar-se, geralmente, com a limpeza. Alguns artigos, porém, devem sofrer uma etapa de descontaminação anterior à limpeza, como é o caso de toalhas e lençóis contaminados.

7.1 Procedimentos de limpeza, desinfecção e esterilização dos artigos

Cada estabelecimento de beleza deve padronizar e **validar** as metodologias de limpeza, desinfecção e esterilização de artigos que serão utilizadas. Neste capítulo, ilustraremos algumas sugestões práticas e eficazes que podem ser adaptadas à rotina dos estabelecimentos.

> Validação é o conjunto de procedimentos testados e documentados correspondentes às evidências que dão uma razoável garantia, segundo o nível atual da ciência, de que o processo em consideração pode realizar aquilo para o qual foi proposto.

7.1.1 Alicates, pinças, espátulas, brocas e outros instrumentos metálicos

Esses instrumentos são de uso individual — portanto, não podem ser reutilizados em outro cliente sem as devidas limpeza, desinfecção e esterilização (ver Figura 71). Na maioria dos casos, a remoção de matéria orgânica desses artigos é realizada eficientemente com detergente comum. Porém, em artigos metálicos, o detergente comum pode causar oxidação, sendo recomendado o uso de detergente enzimático (ver o Capítulo 6).

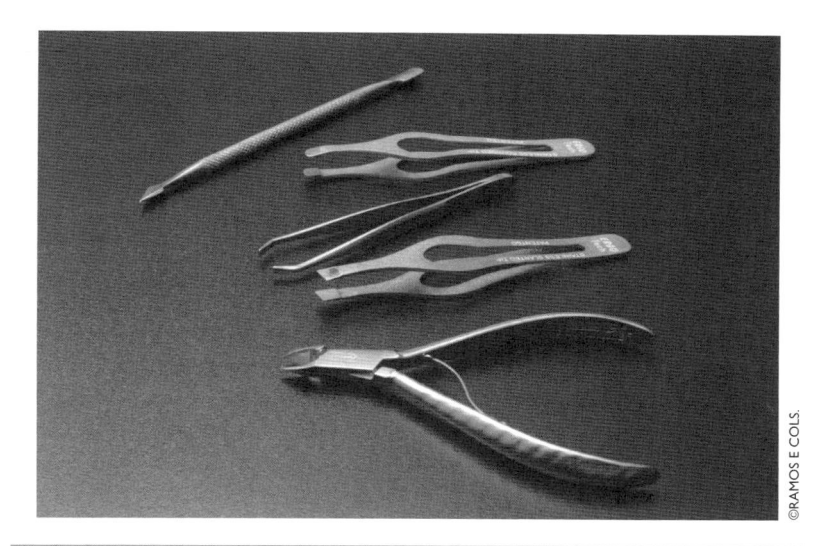

©RAMOS E COLS.

Figura 7.1 Alicates, pinças, espátulas e outros instrumentos metálicos ▶

Sugestão de protocolo de limpeza, desinfecção e esterilização
dos alicates de cutículas e outros instrumentos metálicos

- Limpeza
  - mergulhar os materiais sujos em uma cuba, de preferência com escorredor, contendo uma solução 0,5% de detergente enzimático ou conforme especificação do fabricante. Deixar de molho durante cinco minutos;
  - quando for o caso, limpar os alicates, pinças e espátulas com uma escova de cerdas macias, utilizando a mesma solução de detergente enzimático.
- Enxágue
  - o material deve ser abundantemente enxaguado em água corrente.

Observação

A remoção inadequada de detergente pode provocar manchas e danos no material.

- Secagem
  - o material deve ser seco sobre toalha limpa que não solte fiapos ou papel toalha ou em estufa regulada para esse fim (no máximo a 50°C);
  - pode-se utilizar a autoclave no modo "secagem/dry".

Observação

A secagem natural pode causar manchas.

- Embalagem
  - o material limpo e seco deve ser embalado em embalagem específica para o tipo de esterilização que deverá sofrer a seguir (ver o Capítulo 6), sendo mais indicado o papel grau cirúrgico para autoclave e papel alumínio para estufa Pasteur;
  - a embalagem deve ser bem vedada. No caso do papel grau cirúrgico, usar seladora a quente;
  - a embalagem deve ser datada, de preferência com fita termossensível.

- Esterilização
  - as etapas do processo de esterilização em autoclave ou estufa estão detalhadas no Capítulo 6, sendo que, para cada fabricante, devem-se seguir as orientações específicas;
  - em caso de esterilização em autoclave, o processo requer uma etapa posterior de secagem, muitas vezes realizada pelo próprio equipamento, sendo necessária a programação.
- Validação/qualificação do processo de esterilização
  - toda vez que utilizar o equipamento de esterilização, testar um indicador químico específico, dependendo se o processo será realizado em estufa ou autoclave (ver o Capítulo 6);
  - utilizar semanalmente um indicador biológico — *Bacillus stearothermophilus* para autoclave e *Bacillus subtilis* para estufa Pasteur;
  - os resultados obtidos na utilização de indicadores químicos e biológicos devem ser lidos e anotados por pessoa responsável em tabelas específicas. Essas tabelas devem ser devidamente arquivadas;
  - qualquer problema que seja detectado por meio da visualização dos indicadores deve ser comunicado à gerência e providências devem ser tomadas — como a revisão do equipamento (estufa ou autoclave) por assistência técnica qualificada.
- Estocagem e prazo de validade do artigo estéril
  - os envelopes contendo os artigos estéreis devidamente datados devem ser guardados em caixas ou em armário limpo até a utilização;
  - a validade da esterilização é de aproximadamente seis meses para papel grau cirúrgico, desde que armazenado em local fechado e isento de aberturas e rasuras (ver o Capítulo 6).

7.1.2 Recipientes plásticos, cubas e espátulas

- devem ser retirados os excessos de produtos químicos com papel absorvente, que depois deve ser descartado em lixo químico adequado (ver o Capítulo 11);
- lavar os utensílios com auxílio de água, detergente comum e esponja;

Figura 7.2 **Recipientes plásticos, cubas e espátulas** ▶

- enxaguar abundantemente em água corrente;
- secar naturalmente ou com toalha limpa que não solte fiapos, papel absorvente descartável ou estufa regulada para esse fim (no máximo a 50°C);
- friccionar etanol 70°GL com auxílio de papel absorvente sobre toda a superfície do artigo;
- guardar em local fechado, limpo e seco (gavetas ou armários) a fim de evitar deposição de poeira e aerossóis;
- se preferir, embalar os artigos em sacos plásticos vedados, abrindo-os na frente do cliente.

7.1.3 Escovas e pentes de cabelo

As escovas de cabelo e os pentes são de uso individual; portanto, não podem ser reutilizados em outro cliente sem a devida limpeza e desinfecção (ver Figura 7.3).

- remover os fios de cabelo após cada uso;
- lavar com água e detergente neutro formando espuma (proporção de uma colher de sopa de detergente neutro para um litro de

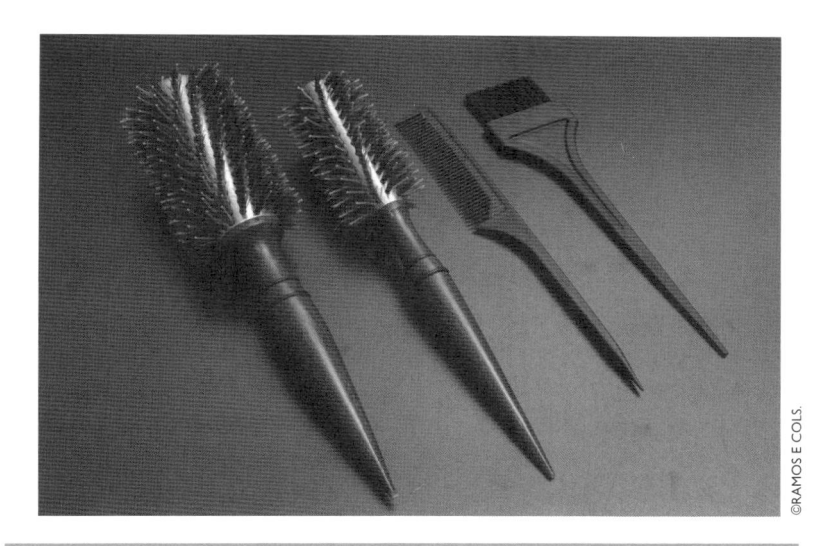

Figura 7.3 **Escovas e pentes de cabelo** ▶

água) e deixando de molho por 10 minutos. Se necessário, proceder com a limpeza mecânica das escovas;

- enxaguar abundantemente com água corrente, escorrendo a água residual;
- secar naturalmente ou com secador de cabelos, ou em estufa regulada para esse fim (no máximo a 50°C);
- borrifar solução de etanol 70°GL;
- secar novamente;
- guardar em local fechado, limpo e seco (gavetas ou armários) a fim de evitar deposição de poeira e aerossóis;
- se preferir, embalar os artigos em sacos plásticos vedados, abrindo-os na frente do cliente.

Observações

- Dependendo do material, alguns modelos de escovas e pentes não podem sofrer o processo explanado no segundo item;
- recentemente, foi lançado no mercado um equipamento que desinfeta escovas e pentes de cabelo por meio do vapor em alta temperatura. Esse procedimento, porém, não elimina a retirada manual dos fios de cabelo e a limpeza inicial.

7.1.4 Pincéis de maquiagem

Os pincéis de maquiagem também são de uso individual e, portanto, não podem ser reutilizados em outro cliente sem a devida limpeza e desinfecção. Por possuírem cerdas delicadas, o produto de escolha para sua limpeza é o detergente enzimático. Na falta deste, utilizar xampus para cabelos normais (ver Figura 7.4).

- mergulhar os materiais sujos em uma cuba, de preferência com escorredor, contendo uma solução 0,5% de detergente enzimático ou conforme especificação do fabricante. Deixar de molho durante cinco minutos;
- massagear as cerdas a fim de retirar restos de produtos e sujidades;
- enxaguar abundantemente com água corrente;
- secar naturalmente, com secador de cabelos ou em estufa regulada para esse fim (no máximo a 50°C);
- dependendo do modelo do pincel, se o fabricante assim indicar, borrifar etanol 70° GL e secar naturalmente.

Observação

Se o operador verificar fissuras ou feridas na pele do cliente, utilizar pincéis descartáveis.

©RAMOS E COLS.

Figura 7.4 **Pincéis de maquiagem** ▶

7.1.5 Toalhas e lençóis protetores de cadeiras e macas

As toalhas e os lençóis são de uso individual e, portanto, não podem ser reutilizados em outro cliente sem a devida limpeza e desinfecção. Após o uso, devem ser colocadas em recipiente apropriado para o encaminhamento até o local de lavagem ou empresa terceirizada responsável pela limpeza e desinfecção das toalhas e lençóis (ver Figura 7.5).

Descontaminação

- imergir as toalhas e lençóis em tanques ou recipientes contendo solução de hipoclorito de sódio diluído a 0,1% em água durante 10 a 30 minutos;
- retirar o excesso de hipoclorito com água corrente.

Observações

- se as toalhas não forem brancas, utilizar alvejante sem cloro;
- sempre utilizar os EPIs.

Lavagem

- proceder à lavagem manual ou automatizada com sabão em pó e amaciante de roupas;

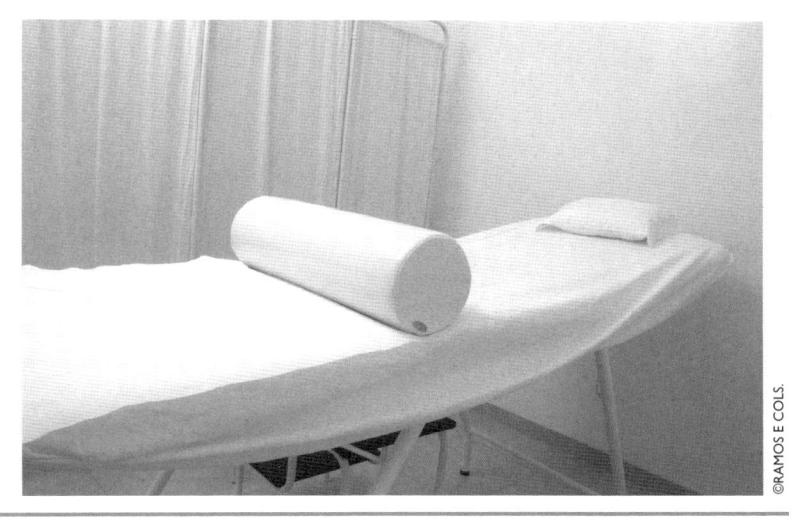

©RAMOS E COLS.

Figura 7.5 **Lençol protetor de maca** ▶

- enxaguar abundantemente com água corrente;
- torcer ou centrifugar.

Secagem

- secar naturalmente ou em secadoras automatizadas;
- após secas, passar a ferro quente;
- guardar em local fechado, limpo e seco (gavetas ou armários) a fim de evitar deposição de poeira e aerossóis;
- se preferir, embalar os artigos em sacos plásticos vedados, abrindo-os na frente do cliente.

Observação

Lavanderias hospitalares usam altas temperaturas para a secagem das toalhas, auxiliando no processo de desinfecção.

7.1.6 Acessórios de equipamentos de estética

Alguns equipamentos de estética (como corrente-russa, eletrolipoforese, drenagem linfática por eletroestimulação, ultrassom e tantos outros (ver Figura 7.6) possuem acessórios — cabos, eletrodos, cabeçotes, roletes e ponteiras. Esses acessórios entram em contato com a pele do cliente,

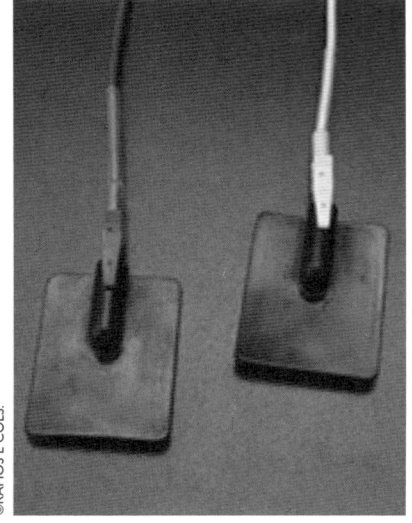

©RAMOS E COLS.

Figura 7.6 **Acessórios de equipamentos de estética** ▶

esteja ela íntegra ou não. Esses artigos são considerados, portanto, artigos não críticos ou, em alguns casos, semicríticos, requerendo processos de limpeza e desinfecção após o uso em cada cliente.

- com o equipamento desligado, desconectar a parte que entrou em contato com a pele do cliente;
- se o acessório não puder ser imerso em água para a limpeza, passar um pano limpo umedecido com água;
- secar com um pano limpo;
- friccionar etanol 70° GL com auxílio de gaze ou papel absorvente.
- guardar em local fechado, limpo e seco (gavetas ou armários) a fim de evitar deposição de poeira e aerossóis.
- se preferir, embalar os artigos em sacos plásticos vedados, abrindo-os na frente do cliente.

> **IMPORTANTE!** Antes de realizar a limpeza ou a desinfecção do acessório do equipamento de estética, verificar as instruções do fabricante, pois o desinfetante ou agente de limpeza pode causar dano no material.

7.2 Artigos descartáveis

Alguns artigos não devem ser processados por métodos de limpeza, desinfecção ou esterilização, pelo fato de perderem suas características originais após o uso, devendo ser, portanto, descartados (ver Figura 7.7).

Dentre os artigos e utensílios descartáveis utilizados em cosmetologia e estética, destacam-se:

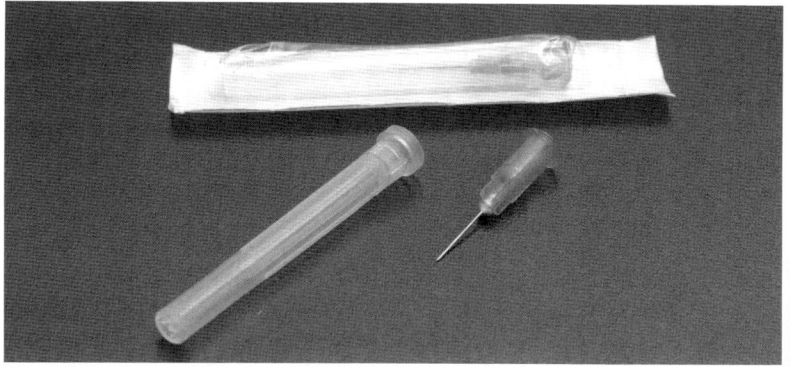

Figura 7.7 **Artigos descartáveis**

▶

- agulhas e lâminas de navalhas e bisturis;
- lixas de unhas e lixas de pés;
- palitos de madeira;
- protetores de bacias;
- lençóis descartáveis;
- EPIs como luvas, toucas, máscaras etc.

Os artigos mencionados são de uso individual, por isso não devem ser reaproveitados em outros clientes. Jamais se deve realizar processos de limpeza, desinfecção ou esterilização desses utensílios, pois perderão suas características originais.

Os utensílios descartáveis, principalmente os perfurocortantes, devem ser manuseados e descartados de acordo com normas e condutas descritas no Capítulo 11.

Tabela 7.1 Exemplos de artigos utilizados em atividades de beleza, classificados de acordo com o risco envolvido e seu devido processamento

Artigos	Exemplos	Processamento
Críticos	Alicates, pinças, espátulas de cutícula e podologia, brocas, espátulas e pinças para depilação.	Limpeza, secagem, desinfecção (opcional) e esterilização.
Semicríticos	Escovas e pentes para cabelo, pincéis de maquiagem, toalhas, acessórios de equipamentos.	Limpeza, secagem, desinfecção de alto nível ou esterilização.
Não-Críticos	Recipientes e espátulas para aplicação de produtos cosméticos na pele e nos cabelos. Macas e cadeiras de atendimento.	Limpeza, secagem e desinfecção de baixo nível.
Descartáveis	Lençóis protetores de macas, protetores de bacias e recipientes de manicure, lixas de unhas e pés, palitos, luvas, máscaras, gorros.	Separação, acondicionamento, identificação, transporte e descarte adequados, dependendo da natureza e do grau de contaminação do artigo (ver o Capítulo 11).
Perfurocortantes Descartáveis	Agulhas, navalhas.	Separação, acondicionamento, identificação, transporte e descarte adequados.

Referências Consultadas

▶ ANVISA (Agência Nacional de Vigilância Sanitária). Curso básico de controle de infecção hospitalar: manual do monitor. ANVISA: 2000. Disponível em: http://www.cvs.saude.sp.gov.br/pdf/CIHManual.pdf. Acessado em novembro de 2009.

▶ APECIH (Associação Paulista de Estudos e Controle de Infecção Hospitalar). Limpeza, desinfecção de artigos de áreas hospitalares e antissepsia. São Paulo: APICH; 1999.

▶ Brasil. Ministério da Saúde. Coordenação de Controle de Infecção Hospitalar. Processamento de artigos e superfícies em estabelecimentos de saúde. 2. ed. Brasília; 1994.

▶ Nogueira IA. Higiene ocupacional: processamento de artigos. Rio de Janeiro. Disponível em: http://www.higieneocupacional.com.br/download/esterilizacao.ppt. Acessado em novembro de 2009.

▶ São Paulo. Secretaria de Estado da Saúde. Coordenação dos Institutos de Pesquisa. Resolução ss 374. Norma técnica sobre organização do centro de material e noções de esterilização. 1995.

▶ São Paulo. Secretaria Municipal de Saúde. Coordenação de Vigilância em Saúde – COVISA. Guia de orientação para estabelecimentos de assistência à saúde. São Paulo: COVISA; 2006.

▶ Takeiti MH, Graziano KU. Inovações tecnológicas no processamento de limpeza de artigos médico-hospitalares. SOBECC. 2000;5(1):12-7.

▶ Teixeira P, Valle S. Biossegurança: uma abordagem multidisciplinar. Rio de Janeiro: Fiocruz; 1996.

8

Limpeza e Desinfecção do Ambiente

Um ambiente limpo e organizado, mesmo em instalações físicas simples, proporciona bem-estar tanto para os clientes quanto para a equipe de trabalho.

Antes de iniciar o processo de limpeza e desinfecção do ambiente, ele deve ser organizado de modo que todos os objetos e materiais estejam guardados, liberando as superfícies para facilitar a limpeza. Quanto maior o acúmulo de sujidade em uma superfície, maior será o tempo e a força de fricção para sua remoção, e maior a concentração e a potência do agente químico utilizado.

Em estabelecimentos de saúde e beleza, é recomendável a utilização da aspiração ou da varredura úmida, feita com rodo e panos úmidos, em detrimento da varredura seca, que dispersa partículas de poeira que podem se depositar nos artigos ou serem inaladas por profissionais e usuários.

Cada estabelecimento de beleza deve elaborar e implantar seu próprio plano de limpeza e desinfecção do ambiente, adequando os processos e produtos químicos a sua realidade, levando em conta os riscos a que está exposto. Todo o procedimento de limpeza e desinfecção do ambiente deverá ser realizado com o acompanhamento dos Equipamentos de Proteção Individual (EPIs) específicos em relação à natureza do risco ao qual o profissional está exposto.

Para fins organizacionais, o ambiente de trabalho pode ser dividido em: *superfícies fixas* (piso, paredes, teto, portas e janelas); *mobiliários* (cadeiras, mesas, balcões, macas, bancadas e pias); e *equipamentos* eletroeletrônicos e específicos utilizados nos tratamentos de beleza e estética.

8.1 Limpeza e desinfecção das superfícies fixas

As superfícies fixas não representam risco significativo de transmissão de infecção, tornando-se desnecessária a desinfecção ambiental de rotina, a menos que haja respingo ou deposição de matéria orgânica, quando é recomendada a descontaminação localizada (ver o Capítulo 6). Dessa forma, a limpeza deve ser realizada utilizando água, sabão e ação mecânica, obedecendo a alguns princípios básicos.

8.1.2 Tipos de limpeza

- **Limpeza concorrente** é aquela realizada diariamente e logo após a exposição à sujidade. Inclui recolhimento do lixo, limpeza do piso e das superfícies do mobiliário geralmente uma vez por turno, além da descontaminação imediata do local quando exposto a material biológico.
- **Limpeza terminal** é aquela geral, realizada semanal, quinzenal ou mensalmente conforme a utilização e a possibilidade de contaminação de cada superfície. Inclui escovação do piso, limpeza de teto, luminárias, paredes, janelas e divisórias.

Áreas críticas (locais de procedimentos invasivos ou cirúrgicos, como a área de podologia) devem receber maior atenção do pessoal da limpeza, sendo recomendadas a limpeza e a desinfecção ambiental a cada turno. As áreas consideradas semicríticas (locais de procedimentos de beleza — como depilação, estética c orporal e facial etc.) também devem ser limpas a cada turno.

8.1.3 Sequência do processo de limpeza ambiental

Como primeiro passo, recomenda-se o recolhimento do lixo. Inicia-se a limpeza do local mais alto, próximo ao teto, para o mais baixo, próximo ao chão. Na sequência, limpa-se a partir do local mais limpo para o mais sujo ou contaminado e a partir do local mais distante, dirigindo-se para o local de saída de cada peça.

8.1.4 Técnica indicada

Técnica dos dois baldes

- Preparar um balde com a solução de água e sabão ou detergente equivalente a uma colher de sopa do detergente para cada litro de água;
- Preparar o outro balde com água pura para o enxágue. Essa água de enxágue deve ser renovada quando estiver suja;
- Aplicar na superfície o pano com a solução de água e sabão, friccionando (força mecânica) para soltar a sujidade;
- Enxaguar o pano na água de enxágue e aplicar na superfície, removendo o sabão e a sujeira;
- Enxaguar o pano novamente, torcer e aplicar na superfície, removendo o excesso de umidade. Pode-se usar dois panos, um para cada balde, facilitando a técnica.

Em caso de deposição de material químico ou biológico, o profissional responsável pela atividade em execução deve proceder à descontaminação localizada.

8.1.5 Descontaminação localizada

- Com uso de luvas, retirar o excesso de carga contaminada (química ou biologicamente) com auxílio de papel absorvente, desprezando-o no respectivo lixo (ver o Capítulo 11);
- Aplicar sobre a área atingida o desinfetante adequado e deixar o tempo necessário (por exemplo, hipoclorito a 1% por 10 minutos);

- Remover o desinfetante com pano molhado e proceder à limpeza com água e sabão no restante da superfície.

8.2 Limpeza da área física e das superfícies fixas

8.2.1 Piso

- Recolher, em lixeira adequada para cada tipo de resíduo, todos os resíduos encontrados;
- Retirar o lixo devidamente ensacado. Lavar as cestas de lixo e substituir os sacos plásticos;
- Retirar, quando possível, mobiliários (cadeiras, mesas, macas etc.);
- Efetuar a limpeza utilizando a técnica dos dois baldes, sempre obedecendo uma sequência;
- Passar pano seco envolvido em um rodo para secar bem o chão.

Observações

- É necessário que a limpeza do piso seja realizada em horário diferente do expediente; porém, se houver derramamento de produto químico ou biológico, proceder à descontaminação localizada.
- Após atender o cliente, proceder à retirada imediata dos cabelos decorrentes do corte. Dar preferência à aspiração; tomar cuidado para não espalhar pelo ar.

8.2.2 Paredes, portas e teto

- Primeiramente, proceder à limpeza do teto e depois da parede, com movimentos de cima para baixo, com auxílio de sabão, água e panos ou esponjas, sempre obedecendo à técnica dos dois baldes;
- Afastar os móveis do local a ser limpo para não danificá-los, retornando-os para o lugar ao final da limpeza.

8.3 Limpeza e desinfecção de mobiliários

Na limpeza do mobiliário, é de fundamental importância que se recolha e guarde em locais específicos ou em bandejas todos os objetos e materiais que ocupam as superfícies a serem limpas. Para a limpeza do mobiliário, utiliza-se baldes menores e panos específicos para essa finalidade.

Para superfícies metálicas, plásticas, fórmicas e de granito, indica-se a aplicação de etanol 70° GL após a limpeza, para a devida desinfecção.

8.3.1 Louças sanitárias (pias e vasos)

Utilizar a técnica dos dois baldes. Proceder, primeiramente, à limpeza da pia:

- retirar os detritos da abertura;
- espalhar desinfetante (hipoclorito de sódio a 1%) sobre a superfície e esfregar;
- lavar as torneiras e o encanamento sob o lavatório;
- enxaguar a superfície e secar com um pano seco;
- lustrar o metal com pano seco.

Proceder à limpeza do vaso sanitário:

- levantar o assento;
- dar a descarga;
- lavar o exterior do vaso, o assento de ambos os lados, dobradiças e partes próximas do chão;
- esfregar o interior do vaso com a escova própria;
- enxaguar com água limpa, secar com pano limpo o exterior do vaso, o assento e a dobradiça;
- dar nova descarga;
- recolher, limpar e guardar o material utilizado.

8.3.2 Luminárias

- Desligar a corrente elétrica;
- Remover a poeira da lâmpada e da luminária com pano úmido;
- Secar bem a luminária e a lâmpada.

8.3.3 Banheira de hidromassagem

- Após o uso, esvaziar completamente a banheira;
- Proceder à desinfecção da superfície interna com auxílio de hipoclorito a 1% (o operador deve fazer uso de luvas de látex de cano longo);

- Fazer a limpeza interna e dos jatos com água, detergente e ação mecânica para retirar sujidades e células mortas;
- Retirar o excesso de detergente em água corrente;
- Encher a banheira com água limpa;
- Ligar o motor;
- Esvaziar a banheira;
- Secar com pano limpo e borrifar etanol 70° GL, friccionando a superfície com um pano seco.

8.3.4 Armários, vitrines, mesas, balcões e bancadas

- Retirar os objetos e produtos com cuidado, colocando-os temporariamente em uma bandeja ou recipiente;
- Utilizar a técnica dos dois baldes para limpeza externa e interna dos armários;
- Após a limpeza, secar com pano limpo e seco;
- Borrifar etanol 70° GL, friccionando a superfície com um pano seco (caso seja fórmica ou vidro);
- Colocar os objetos ou produtos no lugar, tirando o pó com um pano levemente úmido.

8.3.5 Cadeiras e macas

- Utilizar a técnica dos dois baldes. Caso haja resíduos incrustados, utilizar esponja;
- Secar com um pano limpo;
- Borrifar etanol 70° GL, friccionando a superfície com um pano seco.

8.4 Limpeza e desinfecção de equipamentos

8.4.1 Limpeza do ar-condicionado

- Antes de executar qualquer procedimento de limpeza ou desinfecção, desconectar o equipamento da rede elétrica ou desligar o disjuntor;
- Não usar produtos químicos para a limpeza;
- Para cada modelo de ar-condicionado, consultar as especificações do fabricante.

Limpeza externa
- Lavar o equipamento com água fria ou morna (até 45°C) e sabão neutro, com auxílio de um pano macio;
- Secar.

Limpeza dos filtros
- Retirar os filtros;
- Lavar com água e detergente neutro;
- Enxaguar com água corrente;
- Retirar o excesso de água e secar;
- Recolocar os filtros secos no aparelho.

8.4.2 Limpeza dos aparelhos telefônicos, do fax e das impressoras
- Limpar com um pano úmido. Secar;
- Friccionar etanol 70° GL com um pano seco em toda a superfície, incluindo os cabos.

8.4.3 Limpeza dos computadores
- Limpar o monitor delicadamente, utilizando uma flanela limpa e seca ou levemente umedecida com água ou produto específico para limpeza do aparelho;
- Seguir a mesma regra anterior para a limpeza da área externa do PC, tomando cuidado, pois qualquer líquido que entre em contato com a parte interna pode danificar o sistema;
- No caso do teclado, virá-lo para baixo e bater para que resíduos mais grossos caiam; passar uma escova de cerdas macias e, em seguida, esfregar um pano umedecido em uma mistura de água e detergente;
- Limpar os vãos entre as teclas com uma haste de algodão, também umedecida em mistura de água e detergente;
- Finalizar passando outra haste com álcool isopropílico (não utilizar álcool etílico).

8.4.4   Limpeza do aparelho de autoclave e da estufa

Limpeza externa
- Limpar externamente com um pano limpo umedecido em mistura de água e detergente. Secar;
- Em seguida, passar um pano limpo borrifando etanol 70° GL.

Limpeza interna

- Lavar a câmara de alumínio com uma esponja de fibra sintética (utilizar o lado macio), sabão neutro e água destilada. Para dar brilho, usar esponja de aço inox;
- Para a limpeza da câmara de inox, usar apenas um pano macio com etanol 70° GL ou um polidor abrasivo líquido (como os utilizados para limpeza de pratarias);
- Com um pano macio umedecido, limpar o anel de vedação e a válvula de segurança.

8.4.5 Limpeza dos equipamentos de estética facial e corporal

- Para efetuar todo e qualquer tipo de manutenção ou limpeza, primeiro desconecte o aparelho da rede elétrica;
- A parte externa e fiação de equipamentos utilizados em estética pode ser limpa com um pano úmido em água morna e eventualmente com sabão neutro (não abrasivo);
- Nenhuma parte do aparelho deve ser esterilizada em alta temperatura.

Observação

A limpeza e a desinfecção dos acessórios dos equipamentos de estética foram descritas no Capítulo 7.

8.4.6 Limpeza dos secadores e vaporizadores de cabelo

- Limpar externamente com um pano limpo umedecido em mistura de água e detergente;
- Secar com um pano seco e friccionar etanol 70° GL em toda a superfície, incluindo os cabos.

8.5 Agentes químicos utilizados para limpeza e desinfecção ambiental

A utilização de produtos de limpeza e de desinfecção do ambiente precisa estar de acordo com a legislação vigente, além de serem observadas as recomendações apresentadas pelos fabricantes. Os produtos de limpeza autorizados encontram-se classificados, segundo a Lei 6.360 (ANVISA, 1978), como saneantes domissanitários, ou seja, são as substâncias ou preparações adequadas à higienização, desinfecção, desinfestação, desodorização e odorização de ambientes. Esses produtos, segundo essa legislação, devem ser isentos de efeitos mutagênicos, teratogênicos ou carcinogênicos em mamíferos, característica que deve ser devidamente comprovada.

Na seleção desses produtos devem ser considerados os seguintes critérios:

- natureza da superfície a ser limpa ou desinfetada, e se a mesma resiste à corrosão ou ao ataque químico;
- tipo e grau de sujeira e contaminação, incluindo sua forma de eliminação (micro-organismo envolvido com ou sem matéria orgânica presente);
- segurança na manipulação/utilização por parte do profissional de limpeza e terceiros.

Os produtos mais utilizados para a limpeza e a desinfecção da área física (superfícies fixas), dos mobiliários e dos equipamentos de estabelecimentos de beleza são os sabões ou detergentes neutros, hipoclorito de sódio a 1% ou diluído a 0,1%, e etanol a 70° GL.

8.6 Local para conservação e manipulação de material de limpeza e desinfecção

O serviço de limpeza do ambiente necessita de local específico e próprio para guarda de materiais e utensílios, como panos, esponjas, esfregões, baldes e produtos de limpeza. Esse local deverá ser separado dos demais, além de possuir um tanque e ser localizado em área de fácil acesso e com boa ventilação. A dimensão da área depende da necessidade do estabelecimento.

8.7 Funcionários responsáveis pela limpeza do ambiente

Os profissionais da limpeza ou sanitização do ambiente devem ser orientados segundo um programa de treinamento definido pela gerência do estabelecimento. Esse programa deve contemplar as etapas de cada processo de limpeza e sanitização do ambiente, levando em consideração os cuidados para a prevenção da contaminação química e biológica, em especial com a utilização dos EPIs.

Tabela 8.1 **Sugestão de periodicidade da limpeza (regra geral)**

	Diária	Semanal	Quinzenal	Mensal	Após o uso
Piso	X				
Vasos sanitários	X				
Pias	X				
Balcões	X				
Superfícies de mesas e bancadas	X				
Cadeiras de clientes	X				
Cadeiras de escritório		X			
Espelhos		X			
Superfícies de armários		X			
Banheira de hidromassagem		X			X
Aparelhos telefônicos, fax, impressoras		X			
Superfícies externas de autoclave, estufa e equipamentos de estética		X			
Paredes e portas			X		
Tetos			X		
Vidros e esquadrias			X		
Persianas			X		
Armários (internamente)			X		
Vitrines			X		
Ar-condicionado (parte externa)			X		
Ar-condicionado (parte interna e filtros)				X	
Secadores de cabelo			X		
Vaporizadores de cabelo			X		
Luminárias				X	
Computador				X	

Referências Consultadas

▶ ANVISA (Agência Nacional de Vigilância Sanitária). Lei nº 6.360 de 23 de setembro de 1976. Dispõe sobre a vigilância sanitária a que ficam sujeitos os medicamentos, as drogas, os insumos farmacêuticos e correlatos, cosméticos, saneantes e outros produtos. Diário Oficial da União, Brasília; 1976, p. 12647.

▶ Brasil. Ministério da Saúde. Coordenação de Controle de Infecção Hospitalar. Processamento de artigos e superfícies em estabelecimentos de saúde. 2.ed. Brasília: MS; 1994.

▶ Fundação Oswaldo Cruz (Fiocruz). Comissão de Controle de Infecção Hospitalar. Manual de limpeza. [16/04/2002; atualizado em 30/5/2003.]

▶ Oppermann CM, Pires LC. Manual de biossegurança para serviços da saúde. Porto Alegre: PMPA/SMS/CGVS; 2003.

▶ São Paulo. Secretaria Municipal de Saúde. Coordenação de Vigilância em Saúde (COVISA). Guia de orientação para estabelecimentos de assistência à saúde; 2006.

9

Higienização das Mãos

As mãos são o principal e mais precioso instrumento de trabalho que o profissional da beleza possui. O maior índice de contaminação em ambientes coletivos na área da saúde é proveniente de contaminações cruzadas por meio de utensílios e mãos dos profissionais.

Quando tocamos em objetos e nas pessoas (no caso, os clientes), entramos em contato com uma enorme quantidade de micro-organismos. Estes, quando aderidos às mãos, são repassados para outros objetos e clientes e transferidos para outras partes do corpo, como os olhos, a boca e o nariz. Uma medida relativamente simples como a higienização das mãos é capaz de reduzir drasticamente a contaminação e o índice de infecções em estabelecimentos de saúde e beleza.

A pele é colonizada por micro-organismos que formam a chamada flora ou microbiota na-

Os micro-organismos da microbiota residente não são facilmente removíveis, pois habitam nas camadas menos superficiais da pele; entretanto, são inativados por antissépticos.

tural. A **microbiota residente** das mãos é encontrada nas camadas externas da pele, mas também em fendas e folículos pilosos, especialmente em torno, sob as unhas e entre os dedos. Por isso, a importância de manter as unhas curtas e evitar o uso de anéis durante procedimentos na área da saúde e beleza. As bactérias mais comumente encontradas na microbiota residente são as gram-positivas (*Micrococcus sp, Staphylococcus epidermidis, Streptococcus sp*), micro-organismos de baixa virulência e que raramente causam infecção; contudo, podem ocasionar infecções sistêmicas em pacientes imunodeprimidos e após procedimentos invasivos.

A microbiota transitória tem um curto tempo de sobrevivência; porém, apresenta um elevado potencial patogênico e pode ser facilmente transmitida por contato.

A **microbiota transitória** fica localizada mais superficialmente na pele e é formada por micro-organismos adquiridos no contato com o ambiente — quer seja animado ou inanimado. Qualquer tipo de micro-organismo pode ser encontrado transitoriamente nas mãos, apesar de ser mais comum encontrar bacilos gram-negativos (*Escherichia coli* e *Pseudomonas sp*) e cocos gram-positivos (como os *Staphylococcus aureus*), que são os agentes bacterianos mais frequentemente causadores de infecção hospitalar.

A lavagem das mãos com sabonete neutro simples promove facilmente a redução dos micro-organismos constituintes da microbiota transitória, além de sujidades, oleosidade, suor e células mortas. Os micro-organismos da flora residente, entretanto, não são totalmente eliminados no processo de lavagem das mãos por estarem localizados em locais de difícil acesso, podendo apenas ser diminuídos temporariamente, embora alguns autores afirmem que os antissépticos conseguem inativá-los.

9.1 Instalações físicas necessárias para a realização da higienização das mãos

- Pia;
- Dispensador de sabonete líquido;
- Toalheiro com toalhas de papel;

- Torneira com fechamento automático, preferivelmente;
- Lixeira com pedal ou acionamento automático.

Preferencialmente, cada sala de atendimento ao cliente em estabelecimentos de saúde e beleza, sanitários e copas devem ser providos das instalações relacionadas acima.

9.2 Sugestão de procedimento de higienização das mãos

- Retirar joias (anéis, pulseiras, relógio);
- Abrir a torneira e molhar as mãos, aplicando de 3 ml a 5 ml de sabonete líquido;
- Ensaboar as mãos, formando espuma, friccionando-as por quinze a trinta segundos, atingindo todas as suas faces (palma, dorso, espaços interdigitais, articulações, unhas, extremidades dos dedos e punhos). A formação de espuma extrai e facilita a eliminação de partículas;
- Enxaguar, deixando a água penetrar nas unhas e nos espaços interdigitais (mãos em forma de concha). Retirar toda a espuma e os resíduos de sabão, sem deixar respingar água na roupa e no piso;
- Secar as mãos com papel toalha descartável. Se a torneira for manual, usar o mesmo papel toalha para fechá-la;
- Desprezar o papel toalha na lixeira sem tocar na borda ou na tampa da mesma;
- Se recomendado, dependendo do caso, aplicar o agente antisséptico e deixar secar naturalmente.

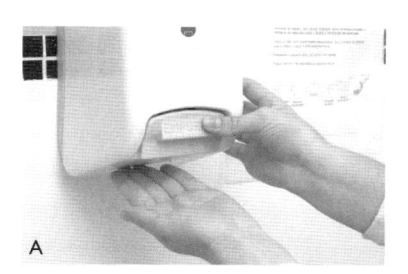
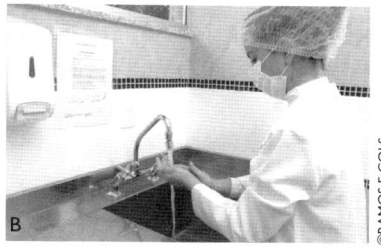

©RAMOS E COLS.

Figura 9.1 **Processo de higienização das mãos**

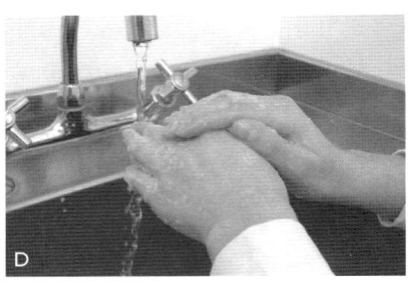

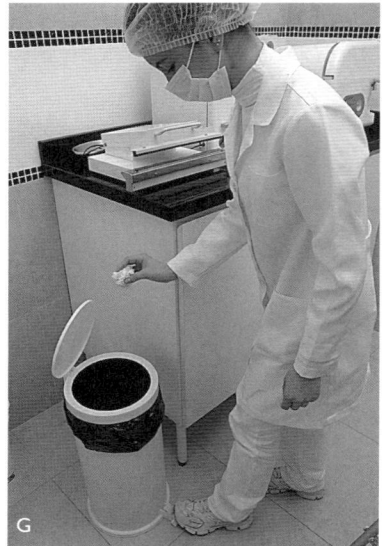
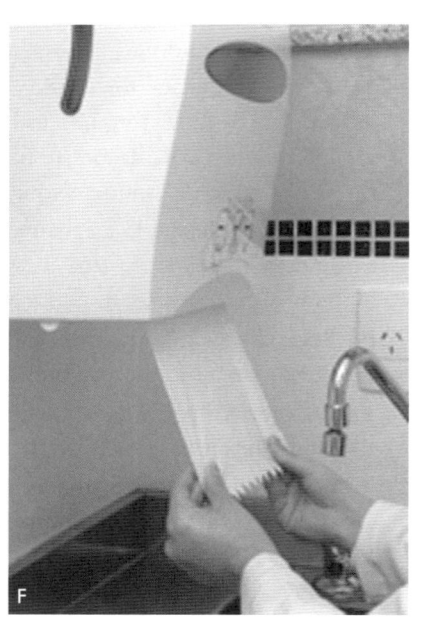

©RAMOS E COLS.

Figura 9.1 **Processo de higienização das mãos** (*continuação*).

9.3 Observações

Pelo fato de apresentar menor risco de contaminação, deve-se dar preferência ao sabonete líquido. Caso seja preciso usar sabonete em barra, deve-se utilizá-lo em tamanhos pequenos para substituições frequentes, sempre enxaguá-lo antes do uso e acondicioná-lo em suporte vazado, evitando sua permanência em meio úmido, o que favorece o crescimento bacteriano.

Os secadores elétricos não estão recomendados, uma vez que raramente o tempo para secagem é obedecido, além de haver dificuldades em seu acionamento. Também não está recomendado o uso coletivo de toalhas de tecido ou de rolo, uma vez que permanecem úmidas quando não substituídas.

A lavagem constante das mãos pode causar ressecamento, eczema e rachaduras da pele. Dermatites nas mãos aumentam o risco de infecção para o paciente e para o profissional. O uso prolongado de luvas, especialmente as talcadas, também pode causar dermatites. O uso de cremes hidratantes e loções entre as lavagens das mãos é indicado, desde que acondicionados em recipientes individuais e que sejam de uso único, porque são reservatórios de micro-organismos.

Recomenda-se a higienização das mãos nas seguintes ocasiões:

- quando estiverem sujas;
- antes e após manusear cada cliente e, eventualmente, entre as atividades realizadas em um mesmo cliente;
- ao preparar materiais e equipamentos;
- antes e após realizar atos e funções fisiológicas ou pessoais;
- antes e após o uso de luvas;
- antes e após manusear alimentos.

9.4 Antissepsia ou degermação de mãos

Trata-se da redução da microbiota residente e da eliminação da microbiota transitória com a ajuda da solução com propriedade germicida denominada antisséptico.

Na lavagem rotineira das mãos na área da beleza, o uso de sabonete neutro é o suficiente para a remoção da sujeira, da flora transitória e de parte da flora residente. O uso de sabonetes com antissépticos ou soluções antissépticas deve ficar restrito à execução de procedimentos invasivos (cirúrgicos), manuseio de pacientes de alto risco ou em situações de surto de infecção hospitalar.

Existem vários tipos de agentes antissépticos com diferentes princípios ativos e diferentes veículos de diluição, variando também a ação, a concentração e o tempo de efeito residual. As soluções antissépticas recomendadas para a pele são: álcool etílico a 70 °GL, álcool iodado a 0,5% com ou sem glicerina a 2%; polivinilpirrolidona iodo (PVP-I) a 10% com 1% de iodo ativo e clorexidina a 4%. Todos os antissépticos devem ser aplicados sob a pele após a higienização da mesma.

A descontaminação cirúrgica das mãos requer remoção da flora transitória e redução da residente não somente nas mãos, mas também nas áreas dos antebraços até aos cotovelos, sendo necessário, nesse caso, o uso de escova de cerdas macias. O uso frequente de escova leva à excessiva descamação da pele, que além de danificar, traz para a superfície da pele os micro-organismos residentes.

Tabela 9.1   Concentração e eficácia de alguns agentes antissépticos utilizados na antissepsia das mãos

	Concentração	Eficácia	Observações
Álcool etílico	70%	É bactericida, elimina fungos e vírus, mas não age contra os esporos bacterianos.	É praticamente atóxico e não alergênico. Evapora rapidamente. Possui **ação residual**.
Álcool iodado	0,5%	Age contra micro-organismos gram-positivos e gram-negativos.	Pode provocar reações alérgicas.
Polivinilpirro-lidona iodo (PVP-I)	10%	É eficaz contra micro-organismos gram-positivos, gram-negativos, fungos e protozoários, mas não é esporicida.	Possui pequena atividade residual.

A **ação residual** ocorre quando o agente antisséptico continua agindo contra os micro-organismos mesmo após a aplicação na pele.

Tabela 9.1 Concentração e eficácia de alguns agentes antissépticos utilizados na antissepsia das mãos (continuação)

	Concentração	Eficácia	Observações
Clorhexidina	4%	Boa eficácia contra micro-organismos gram-positivos, gram-negativos e fungos, sendo esporicida apenas a elevadas temperaturas.	É praticamente atóxico e não alergênico.

9.5 Alternativa à lavagem das mãos

Em situações em que as mãos se encontrem visivelmente limpas, pode-se optar pela utilização de um soluto alcoólico em vez de água e sabão. Segundo Pittet e Boyce (2001), foi comprovado que os solutos alcoólicos com emolientes apropriados são melhor tolerados pela pele do que as lavagens frequentes das mãos. A eficácia na redução da microbiota transitória é idêntica ou superior.

Modo de proceder

- Aplicar nas mãos secas 2 ml a 3 ml de solução alcoólica a 70° GL e friccionar todas as áreas das mãos durante quinze segundos;
- Deixar secar naturalmente.

Referências Consultadas

▶ Brasil, Ministério da Saúde. Lavar as mãos: informações para profissionais de saúde. Brasília: Normas Técnicas; 1989.

▶ Geiss HK, Heeg P. Hand-washing agents and nosocomial infections. N Engl J Med. 1992 Jul 9;327(2):1390.

▶ Hospital de Santa Maria. Comissão de Controle da Infecção Hospitalar. Norma n. 3: lavagem e desinfecção das mãos, 2002. Disponível em: http://www.chln.min-saude.pt/contents/pdfs/CCIH/Maos.pdf. Acessado em novembro de 2009.

▶ Larson E. Skin cleansing. In: Wenzel RP, editor. Prevention and control of nosocomial infections, 2.ed. Baltimore: Williams & Williams; 1993.

▶ Lira MC. Higienização das mãos. In: Hinrichsen SL. Biossegurança e controle de infecções: risco sanitário hospitalar. Rio de Janeiro: Medsi; 2004. P. 38-49.

▶ Oppermann CM, Pires LC. Manual de biossegurança para serviços da saúde. Porto Alegre: PMPA/SMS/CGV; 2003.

▶ Pittet D, Boyce JM. Hand hygiene and patient care: pursuing the Semmelweis legacy. Lancet Infect Dis April (2001).

10

Equipamentos de Proteção Individual (EPIs) e Equipamentos de Proteção Coletiva (EPCs)

10.1 Equipamentos de Proteção Individual (EPIs)

Os procedimentos adotados durante a realização de atividades na área da beleza — seja manuseando clientes, produtos químicos ou utensílios — requerem obrigatoriamente a utilização sistemática de Equipamentos de Proteção Individual (EPIs). Dessa forma, os estabelecimentos de beleza devem adequar-se quanto à implantação do uso rotineiro e adequado de EPIs por parte dos profissionais.

EPI é todo dispositivo ou produto de uso individual utilizado pelo trabalhador e destinado à proteção de riscos suscetíveis de ameaçar a segurança e a saúde no trabalho. De acordo com as Precauções Universais (CDC, 1992), os profissionais devem evitar contato direto com matéria orgânica, por meio do uso de barreiras protetoras como luvas, aventais, máscaras, gorros e óculos, os quais irão reduzir as chances de exposição da pele e das mucosas a materiais infectados. O uso de EPIs também deve ser aplicado quando se manipulam substâncias químicas.

De acordo com as peculiaridades de cada atividade profissional, o uso de EPI é uma exigência da legislação trabalhista brasileira por meio de suas Normas Regulamentadoras (NRs), particularmente a NR 6 (Brasil, 2008). O não cumprimento dessa norma poderá acarretar ações de responsabilidade cível e penal, além de multas aos infratores. É obrigação do empregador fornecer os EPIs adequados ao trabalho, instruir e treinar quanto ao uso, fiscalizar e exigir o uso e repor os EPIs que estiverem danificados. É obrigação do trabalhador usar, conservar e descartá-los adequadamente.

As recomendações hoje existentes para o uso de EPIs são bastante genéricas, não considerando variáveis importantes como o tipo de equipamento utilizado na operação, os níveis reais de exposição e até mesmo as características ambientais e da cultura onde o EPI será utilizado. Essas variáveis acarretam muitas vezes gastos desnecessários, recomendações inadequadas e podem aumentar o risco do trabalhador, ao invés de diminuí-lo.

Na área da beleza, os EPIs mais comumente utilizados pelos profissionais da área são os descritos a seguir.

10.1.1 Luvas

As luvas protegem as mãos de sujidades grosseiras e seu uso é indicado sempre que houver possibilidade de contato com sangue, secreções e excreções, com mucosas ou com áreas da pele não-íntegras, durante manipulação de artigos contaminados e substâncias químicas.

Tipos

Luvas descartáveis

As luvas de procedimentos descartáveis mais utilizadas são as de látex, ambidestras, que apresentam três tamanhos: pequeno, médio e grande; elas contêm talco em sua parte interna a fim de facilitar a colocação. Geralmente são comercializadas em caixas com cem unidades, podendo

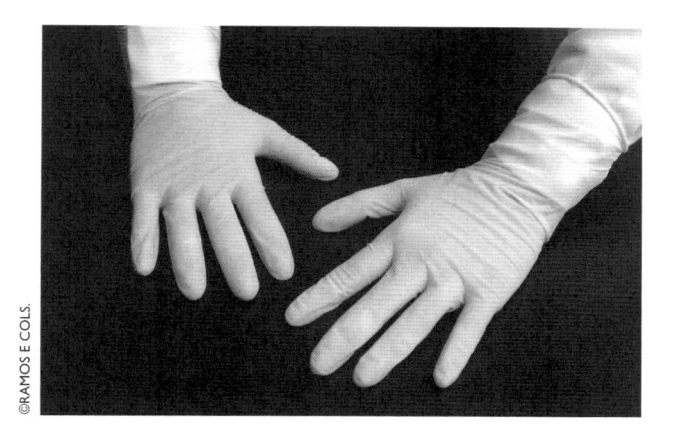

©RAMOS E COLS.

Figura 10.1 **Luvas de látex** ▶

também ser adquiridas luvas estéreis, comercializadas aos pares. Estas somente são utilizadas em casos de manuseio de ferimentos, cortes cirúrgicos ou materiais estéreis.

Luvas de vinil

Luvas para manseior de produtos químicos

Outro tipo de luva disponível no mercado é a luva de vinil, que se adapta bem às mãos. É mais firme e duradoura, porém, atualmente tem um custo mais elevado que as luvas de látex. Geralmente são utilizadas em indivíduos alérgicos ao látex.

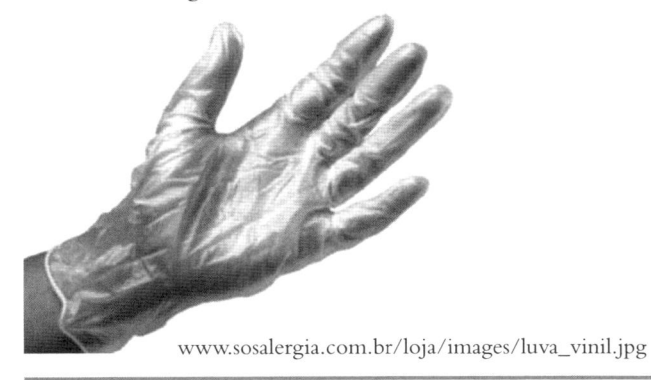

www.sosalergia.com.br/loja/images/luva_vinil.jpg

Figura 10.2 **Luvas de Vinil** ▶

Luvas não-descartáveis

Luvas para manuseio de produtos químicos

São confeccionadas de látex, porém são mais grossas e resistentes. Deslizam bem nos fios de cabelo, sendo bastante úteis para manipulação e aplicação de produtos químicos capilares.

Figura 10.3 **Luvas para manuseio de produtos químicos** ▶

Luvas para a limpeza de ambiente, materiais e utensílios

São luvas grossas, impermeáveis e geralmente reutilizáveis. Devem ser lavadas e secas antes de guardar.

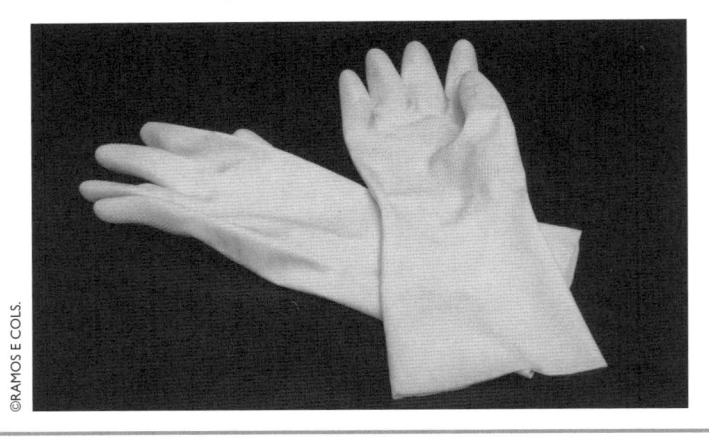

Figura 10.4 **Luvas para limpeza de ambiente, materiais e utensílios** ▶

Luvas de amianto

As luvas de amianto são grossas e constituídas de material não-inflamável. São utilizadas para manipulação de materiais em altas temperaturas.

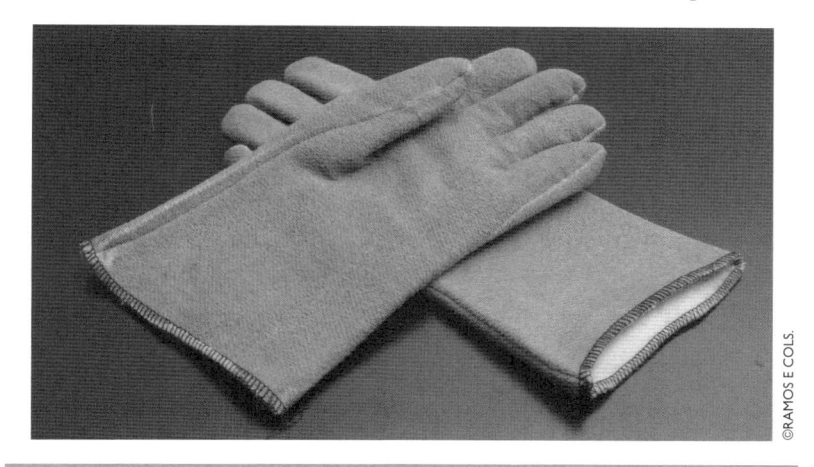

Figura 10.5 **Luvas de amianto** ▶

Utilização correta

Utilização correta das luvas de procedimentos descartáveis;

- Antes da colocação das luvas descartáveis, lavar as mãos de forma criteriosa (ver o Capítulo 9), pois irá diminuir a quantidade de micro-organismos presentes;
- Colocá-las de forma a cobrir os punhos;
- Enquanto o profissional estiver de luvas, não deverá manipular objetos como canetas, fichas de clientes, telefone, maçanetas ou qualquer objeto que esteja fora de seu campo de trabalho;
- As luvas deverão ser retiradas imediatamente, após o término do tratamento do cliente, sendo removidas pelo punho, evitando tocar na parte externa;
- Devem ser descartadas em recipiente específico para lixo infectante ou químico (ver o Capítulo 11);
- Nunca se deve tentar desinfetar as luvas descartáveis utilizadas, pois agentes desinfetantes podem causar deterioração do material;
- As luvas descartáveis devem ser trocadas a cada cliente.

Quando utilizar

- Deve-se fazer uso de luvas descartáveis sempre que houver a possibilidade de contato com sangue, secreções, mucosas, tecidos e lesões presentes na pele;
- Sempre que ocorrer o manuseio de substâncias químicas para tratamento de pele, cabelos e unhas;
- Sempre que se manusear materiais perfurocortantes.

Segundo o Ministério da Saúde (Brasil, 2003), as luvas descartáveis não protegem a pele de perfurações de agulhas, mas está comprovado que podem diminuir a penetração de sangue na pele perfurada em até 50% de seu volume.

10.1.2 Jalecos e aventais

Os jalecos e aventais previnem contra a exposição da pele e das roupas do profissional a fluidos como sangue, exsudatos, secreções orgânicas; além disso, previnem também contra a contaminação por produtos químicos, fornecendo uma barreira de proteção.

Tipos

Os aventais podem ser confeccionados com diversos tipos de tecidos laváveis, sendo ideal que sejam pouco inflamáveis.

Devem ter comprimento até a altura dos joelhos e possuir mangas longas, de preferência com elásticos nos punhos. Não precisam ser necessariamente da cor branca, apesar de esta possibilitar a melhor visualização de sujidades.

Há também o avental descartável (de uso único) confeccionado de tecido não tecido (TNT), que fornece uma frágil barreira de proteção. O avental confeccionado de plástico ou outro material impermeável é indicado para limpeza ambiental e de utensílios.

O tipo de avental deve ser selecionado para uso de acordo com a atividade e com o tipo de material biológico ou substância química a ser manuseada.

Utilização correta

- Os aventais devem estar limpos;
- Devem ser usados sempre fechados;
- Devem ser trocados sempre que apresentarem sujidades e conta-minação visível, seja por sangue e secreções orgânicas ou por substâncias químicas;
- Devem ser utilizados somente na área de trabalho;
- Quando o profissional se dirigir ao sanitário, à copa ou a outro local diferente da sua área de trabalho, deve retirar o jaleco, pen-durando-o em local adequado;
- Os aventais devem ser guardados em local adequado e nunca de-vem ser colocados no mesmo local dos objetos pessoais;
- Devem ser lavados separadamente das roupas de uso pessoal. De preferência, a lavagem e desinfecção devem ser de responsabilida-de do estabelecimento.

Quando utilizar

Os jalecos e aventais devem ser utilizados quando o profissional estiver realizando atendimento ao cliente no local de trabalho ou manipulan-do substâncias químicas. É recomendável o uso de jaleco por todos os profissionais da área da beleza que realizam atendimento a clientes e também da área da limpeza.

10.1.3 Máscaras

A máscara representa uma importante forma de proteção das mucosas da boca e do nariz contra a ingestão ou a inalação de partículas e aerossóis con-tendo micro-organismos, especialmente durante a fala, a tosse ou o espirro.

Tipos

Máscaras descartáveis

As máscaras descartáveis servem como uma barreira de proteção con-tra o contato próximo de pessoas, diminuindo consideravelmente a contaminação microbiológica. Porém, não são eficazes para a fil-tração de substâncias químicas, gases e vapores. São confeccionadas

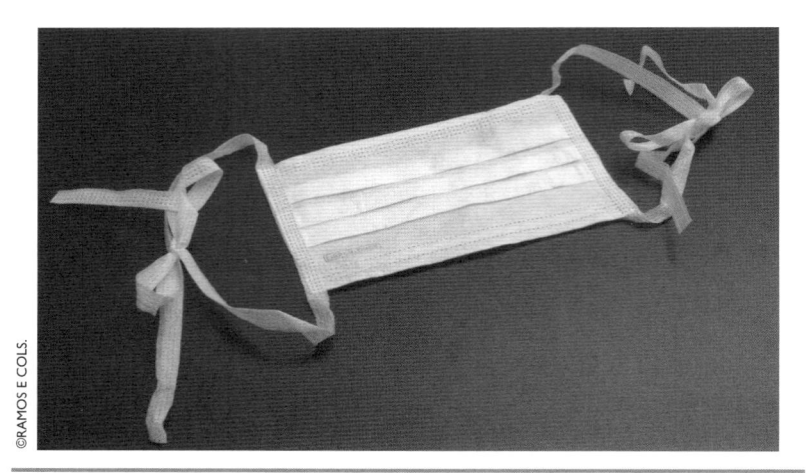

©RAMOS E COLS.

Figura 10.6 **Máscaras descartáveis** ▶

com diferentes tipos de materiais e cada um apresenta capacidades de filtração distintas:

- As máscaras de tecido, espuma e papel, embora confortáveis, têm baixa capacidade de filtração de partículas e aerossóis;
- As máscaras confeccionadas de fibras de vidro e fibras sintéticas (mais comumente utilizadas) possuem boa capacidade de filtração.

Máscaras de Filtração de Ar

- **Filtro mecânico** é utilizado para a proteção contra materiais particulados, sendo normalmente confeccionado em material fibroso, cujo entrelaçamento microscópico das fibras retém as partículas e permite a penetração do ar respirável.
- **Filtro químico** é utilizado para a proteção contra gases e vapores. O processo de funcionamento baseia-se na adsorsão dos contaminantes gasosos por meio de um elemento filtrante, normalmente o carvão ativado. Alguns filtros químicos utilizam outros elementos químicos (sais minerais, catalisadores ou substâncias alcalinas) que melhoram o processo de adsorsão.
- **Filtro combinado** constituído da combinação de um filtro mecânico sobreposto a um filtro químico.

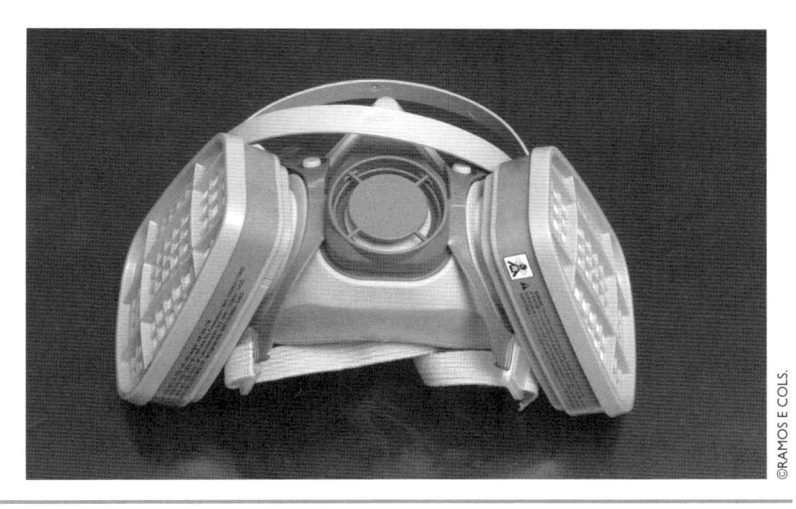

Figura 10.7 Máscaras de filtração de ar ▶

As máscaras de filtração de ar são reutilizáveis, sendo de uso individual e intransferível. A vida útil dos filtros é variável, dependendo do tipo e da concentração do contaminante, da frequência respiratória do usuário e da umidade do ambiente. A máscara deve ser trocada sempre que o filtro se encontrar saturado, perfurado, rasgado ou com elástico solto, ou ainda quando o usuário perceber o cheiro ou o gosto do contaminante.

Características importantes das máscaras

- Devem ser confortáveis;
- Devem ter boa adaptação aos contornos faciais;
- Não devem irritar a pele;
- Devem ter boa capacidade de filtração.

Utilização correta

- Certificar-se, antes da colocação, de que a máscara está limpa e em perfeito estado de conservação;
- A máscara deve estar bem adaptada aos contornos faciais, protegendo toda a região logo abaixo dos olhos, além do nariz e da boca;

- Evitar tocar na máscara durante o procedimento;
- Não se deve puxar a máscara para a região do pescoço, pois é considerada um material contaminado;
- Deve-se trocar a máscara quando ela ficar úmida e no intervalo de atendimento de cada cliente. Máscaras molhadas perdem a capacidade de filtração, facilitando a penetração de micro-organismos;
- A máscara descartável deve ser utilizada por no máximo duas horas, que é o tempo recomendado para uma proteção eficaz;
- Não se deve reutilizar máscaras descartáveis;
- Deve-se retirar a máscara somente após a retirada das luvas e a lavagem das mãos, devendo jogá-la no lixo para materiais contaminados ou lixo químico.

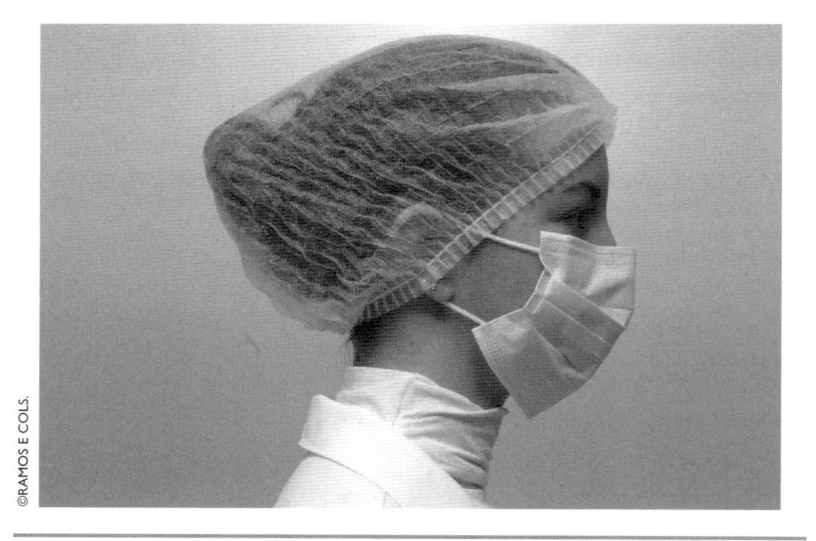

©RAMOS E COLS.

Figura 10.8 **Utilização correta da máscara descartável** ▶

Quando utilizar

- Em procedimentos cuja distância entre o cliente e o profissional seja pequena, como em processos de higienização facial, depilação facial e maquiagem;

- Quando há geração de partículas, como no momento do lixamento das unhas e durante o uso do micromotor (aparelho de lixamento utilizado para lâminas ungueais e calos superficiais);
- Durante a **utilização de produtos químicos** que exalam vapores tóxicos ou aerossóis, como em procedimentos de colorimetria e alisamento de cabelos;

> Nesses casos, tanto o profissional quanto o cliente devem utilizar máscaras especiais, com capacidade de filtração de ar, contendo filtro físico, químico ou combinado, dependendo do produto químico manuseado.

- Durante a extração de pústulas e manipulação de pele não-íntegra, em que há o risco do conteúdo contaminado atingir a face do profissional;
- Quando o profissional estiver espirrando ou tossindo.

10.1.4 Gorros

O gorro oferece uma barreira mecânica para a possibilidade de contaminação dos cabelos do profissional com produtos químicos, aerossóis e micro-organismos, além de evitar a queda dos cabelos na área do procedimento. Os cabelos representam uma importante fonte de contaminação, já que podem conter diversos micro-organismos (ver Figura 10.9).

Tipos

- Gorros de tecido, como o algodão;
- Gorros descartáveis (mais comumente utilizados).

Utilização correta

- Prender os cabelos, sem deixar mechas aparentes;
- Colocar o gorro de forma que cubra todo o cabelo e parte das orelhas (ver Figura 10.10);
- Ao retirar o gorro, ele deve ser puxado pela parte superior central;
- Descartar em lixo biológico;
- Deve ser trocado entre os atendimentos e sempre que houver necessidade, devido ao suor e às sujidades;
- Gorros descartáveis usados não devem ser guardados, pois representam um meio bastante propício à proliferação de micro-organismos.

Figura 10.9 **Gorros descartáveis**   ▶

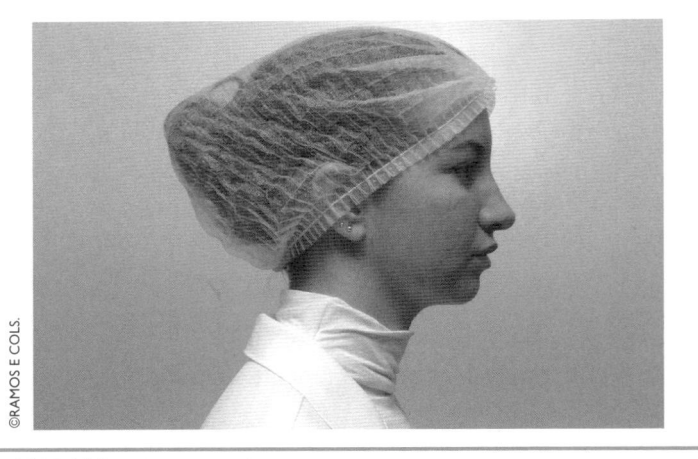

Figura 10.10 **Utilização correta de gorro**   ▶

Quando utilizar

Durante procedimentos que exigem proximidade com o rosto do cliente, como processos de higienização e depilação facial.

10.1.5 Óculos de proteção

Os óculos, assim com as máscaras, também representam uma barreira de proteção de transmissão de infecções, mais particularmente uma proteção para os profissionais, diante do risco de fluidos contaminados como sangue, exsudatos, secreções e sustâncias químicas atingirem diretamente os olhos. A mucosa ocular apresenta menor barreira de proteção que a pele.

Tipos

- **Óculos transparentes** os óculos adequados devem possuir barreiras laterais, ser leves e confortáveis, de transparência mais absoluta possível, confeccionados com material de fácil limpeza (geralmente o acrílico) (ver Figura 10.11);
- **Óculos escuros** protegem os olhos contra os raios ultravioletas (UVA e UVB). Devem ser utilizados em casos de exposição a raios UV e laser, tanto em profissionais quanto em clientes.

Utilização correta

- Os óculos devem ser colocados após a máscara, permanecendo posicionados sobre ela;
- Quando os óculos apresentarem sujidades devem ser lavados com sabonete líquido germicida ou soluções antissépticas; em seguida devem ser enxaguados e enxugados com toalha de papel. Se forem confeccionados de acrílico, não utilizar solução alcoólica;
- Devem ser guardados em estojos apropriados e em locais de fácil acesso.

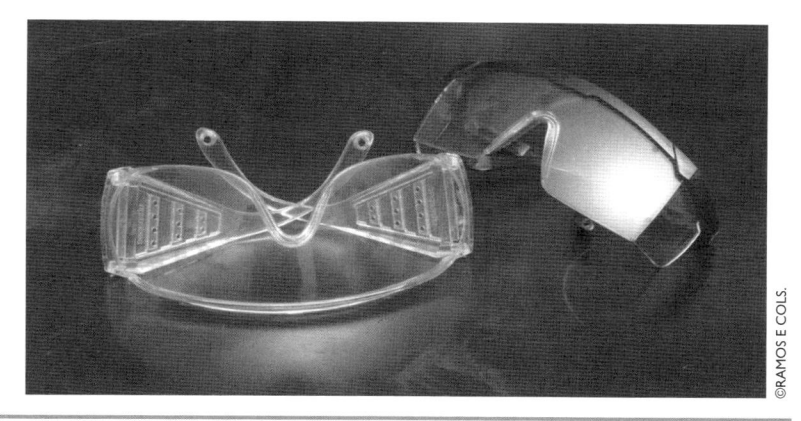

©RAMOS E COLS.

Figura 10.11 **Óculos transparentes**

Quando utilizar

- Em procedimentos cuja distância entre o cliente e o profissional seja pequena, como processos de higienização e depilação facial;
- Quando o profissional estiver com alguma irritação na área dos olhos;
- Durante a extração de pústulas e manipulação de pele não-íntegra, quando há o risco do conteúdo contaminado atingir a face do profissional;
- Quando há geração de partículas, como no momento do lixamento das unhas e durante o uso do micromotor;
- Em procedimentos em que ocorre a utilização de produtos químicos que exalem vapores tóxicos ou aerossóis, como em procedimentos de colorimetria e alisamento de cabelos.

10.1.6 Protetor auditivo

Os protetores auditivos geralmente são feitos de um material esponjoso em formato cilíndrico, de forma a serem inseridos na cavidade do ouvido externo e permanecerem fixos sob pressão, cobrindo toda a área de entrada do canal auditivo.

Os protetores de ouvido são classificados de acordo com "taxas de redução de ruído" (NRRs, do inglês *Noise Reduction Rates*) que possibilitam a escolha do tipo de proteção conforme o nível de decibéis ao qual o indivíduo estará exposto (ver o Capítulo 4).

10.1.7 EPIs para o pessoal da limpeza

Os profissionais envolvidos com os serviços de limpeza do ambiente, mobiliários, equipamentos e artigos devem realizar suas atividades utilizando os EPIs adequados, uma vez que suas tarefas exigem cuidados especiais.

O avental impermeável deve ser utilizado sempre que houver contato com líquidos e risco de respingo de material orgânico. Executada a limpeza, deve-se retirar o avental, puxando-o pelas mangas, dobrando-as para dentro e enrolando pelo avesso. Após o uso, lavar e secar o avental.

Luvas de látex de cano longo e antiderrapantes são usadas para limpeza e manipulação de soluções desinfetantes. O uso de calçados impermeáveis pode se fazer necessário em alguns casos. É importante a utilização de óculos de proteção, gorro, máscaras, além das luvas e do avental, durante o manuseio de produtos químicos e contaminados biologicamente.

Os profissionais da área da beleza enfrentam dificuldades quanto ao uso de EPIs durante a realização de suas atividades por diversos motivos, dentre os quais a falta de qualquer regulamentação técnica específica para essa área. A tabela que se segue sugere o uso de EPIs durante as diversas atividades em estabelecimentos de beleza.

Tabela 10.1 Sugestões e recomendações para o uso de EPIs por profissionais de diversas áreas da beleza

Profissional	Jalecos/ aventais	Luvas descartáveis	Máscaras descartáveis	Gorros descartáveis	Óculos de proteção
Manicure e pedicuro	N	N	N[5]	NN	N[5]
Podólogo	N	N	N	N	N
Cabeleireiro	N	N[1]	N[1]	NN	N[1]
Depilador facial	N	R	N	R	R
Depilador corporal	N	R	R	R	NN
Esteticista facial	N	N[3]	N	R	N[3]
Esteticista corporal	N	N[2]	R[2]	R	R[2]
Maquiador	N	R	R	R	R
Pessoal da limpeza e esterilização	N	N[4]	N	R	N

Necessário (N), recomendável (R), não é necessário (NN).

[1] Somente durante manuseio de tinturas, descolorantes, produtos de alisamento capilar e similares. Dependendo do produto químico, recomenda-se o uso de luva não descartável (mais espessa), óculos de proteção e máscara de filtração de ar.

[2] Durante procedimentos de pós-operatório, onde hajam ferimentos e pele não-íntegra.

[3] Durante extração de pústulas, uso de agulhas, em peles severamente acneicas e durante o uso de produtos químicos como esfoliantes, tônicos e outros.

[4] Recomenda-se, para algumas atividades de limpeza, o uso de luvas impermeáveis de látex de cano longo.

[5] Durante corte de unhas e uso de lixas de unhas e de pés.

10.2 Equipamentos de Proteção Coletiva (EPCs)

Como o próprio nome sugere, os Equipamentos de Proteção Coletiva (EPCs) dizem respeito ao coletivo, devendo proteger todos os trabalhadores e clientes expostos a determinado risco — por exemplo, sinalização de segurança, cabines de segurança biológica, capelas químicas, extintores de incêndio, dentre outros.

10.2.1 Extintores de incêndio

Os extintores de incêndio são equipamentos de segurança que possuem a finalidade de extinguir ou controlar incêndios em casos de emergência. Em geral, trata-se de um cilindro contendo um agente extintor sob pressão que pode ser levado até o local do incêndio. A NR 23 do Ministério do Trabalho e Emprego (Brasil, 1978) regulamenta as ações que devem ser tomadas pelas empresas visando à proteção contra incêndios. De acordo com essa norma, todas as empresas deverão possuir:

- proteção contra incêndio;
- saídas suficientes para a rápida retirada do pessoal em serviço, em caso de incêndio;
- equipamentos suficientes para combater o fogo em seu início;
- pessoas treinadas no uso correto desses equipamentos.

Os extintores de incêndio devem estar de acordo com as normas brasileiras ou os regulamentos técnicos do Instituto Nacional de Metrologia (INMETRO, 2000), enquanto a inspeção, a manutenção e a recarga estão regulamentadas na NBR 12962 (ABNT, 1994).

Classes de incêndios

O agente extintor mais apropriado para cada tipo de incêndio depende do material que está em combustão. Em alguns casos, alguns agentes extintores não devem ser utilizados, pois colocam em risco a vida do operador. Os extintores trazem em seu corpo as **classes de incêndio** para as quais é mais eficiente, ou as classes para as quais não devem ser utilizados.

- **Classe A** incêndio que envolve materiais sólidos cuja queima deixa resíduos ocorrendo em superfície e em profundidade — madeira, papel, tecidos, borracha. Para essa classe é recomendado o uso de extintores contendo água ou espuma.

- **Classe B** incêndio que envolve líquidos e gases cuja queima não deixa resíduos e ocorre apenas na superfície — gasolina, álcool, GLP (gás liquefeito de petróleo) e outros. Para essa classe é recomendado o uso de extintores contendo espuma, dióxido de carbono e pó químico.

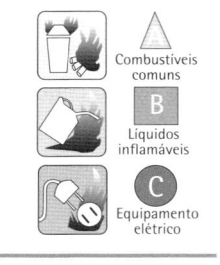

Figura 10.12 **Classes de incêndio** ▸
Fonte: www.tudosobrextintores.blogspot.com/2009/10/class

- **Classe C** incêndio que envolve materiais condutores que estejam potencialmente conduzindo corrente elétrica. Nesse caso, o agente extintor não pode ser um condutor de eletricidade para não eletrocutar o operador. Para essa classe devem ser utilizados apenas os extintores contendo dióxido de carbono e pó químico.

- **Classe D** incêndio que envolve metais pirofóricos — por exemplo, potássio, alumínio, zinco ou titânio. Essa classe de incêndio requer extintores com agentes especiais que extinguem o fogo por abafamento, como os de cloreto de sódio.

Agentes extintores

Diferentes agentes combatem incêndios utilizando propriedades diversas, podendo ser mais ou menos eficazes dependendo do material que está em combustão.

- **Água pressurizada** extingue o fogo por resfriamento;
- **Espuma** existem dois tipos de espuma: a química e a mecânica.
  - A espuma química (formada por bolhas e dióxido de carbono — CO_2) é produzida juntando-se soluções aquosas de sulfato de alumínio e bicarbonato de sódio (com alcaçuz como estabilizador).
  - A espuma mecânica (formada por bolhas de ar) é produzida pelo batimento mecânico de água com extrato proteínico, uma espécie de sabão líquido concentrado, sendo um agente extintor empregado no combate ao incêndio da classe "B" (líquidos inflamáveis). A espuma mecânica deve ser aplicada contra um anteparo, para que possa ir cobrindo lentamente a superfície da área incendiada.

Tanto a espuma química como a mecânica agem por resfriamento e por abafamento, devido à água e à espuma respectivamente. Portanto, são úteis nos incêndios de classes A e B. A espuma é condutora de eletricidade, não devendo ser aplicada em incêndios de equipamentos elétricos energizados; entretanto, é considerada adequada para incêndios que envolvam gases de petróleo.

- **Pó químico** contém 95% de bicarbonato de sódio micropulverizado e 5% de estearato de potássio, de magnésio e outros, para melhorar sua fluidez e torná-lo repelente à umidade e ao empedramento. Age por abafamento e, segundo teorias mais modernas, por interrupção da reação em cadeia de combustão, motivo pelo qual é o agente mais eficiente para incêndios de classe B. São utilizados em incêndios ocorridos em equipamentos elétricos energizados (classe C), pois são maus condutores de eletricidade. Contudo, deve-se evitá-lo em equipamentos eletrônicos em que o CO_2 é mais indicado (ver adiante). Não há bons resultados nos incêndios de classe A. O efeito do agente químico seco não é prolongado, caso exista no local fonte de reignição — por exemplo, superfícies metálicas aquecidas em que o incêndio poderá ser reativado.

- **Dióxido de carbono (CO_2)** também chamado de "gás carbônico", é um gás insípido, inodoro, incolor, inerte e não condutor de eletricidade, que extingue o fogo por abafamento, suprimindo e isolando o oxigênio do ar. É o agente extintor mais indicado para combater incêndio em equipamentos elétricos energizados. É eficiente também nos incêndios de classes B. Não há bons resultados nos de classe A. Não deve ser utilizado sobre superfícies quentes e brasas, materiais contendo oxigênio e metais pirofosfóricos.

- **Diclorotrifluoretano** agente não condutor elétrico, de baixa toxicidade, não residual, considerado seguro, rápido, limpo e eficaz. Indicado para extinção em áreas ocupadas por ser considerado um agente que não deixa resíduos. É considerado ideal para extinção em áreas que possuam equipamentos eletrônicos. Não prejudica a camada de ozônio.

Tabela 10.2 **Classes de incêndios e os agentes extintores requeridos**

	Classe A	Classe B	Classe C	Classe D
Material envolvido no incêndio	Sólidos como madeira, papel, tecidos, borracha.	Líquidos e gases como a gasolina, o álcool, o GLP (gás liquefeito de petróleo) e outros.	Materiais condutores que estejam potencialmente conduzindo corrente elétrica.	Metais pirofóricos como por exemplo potássio, alumínio, zinco ou titânio.
Agente extintor recomendado	Extintores contendo água ou espuma.	Extintores contendo espuma, dióxido de carbono e pó químico.	Dióxido de carbono e pó químico.	Agentes especiais que extinguem o fogo por abafamento, como os de cloreto de sódio.

Instalação dos extintores de incêndio

A instalação de extintores nos diversos estabelecimentos comerciais é realizada pelo Corpo de Bombeiros, que faz uma vistoria no local e em seguida determina a quantidade, o tipo e a localização dos extintores de incêndio.

A distância máxima a ser percorrida por uma pessoa do incêndio até o extintor varia conforme o risco de incêndio ao qual a construção está exposta. Em locais de risco alto, não pode passar de quinze metros; em locais de risco baixo, pode chegar até vinte e cinco metros. Em locais de riscos isolados devem ser instalados extintores de incêndio, independentemente da proteção geral da edificação ou risco — como casas de máquinas, centrais elétricas, geradores e outros.

O extintor deve estar posicionado na parede ou no chão, desde que esteja apoiado em um suporte apropriado. O local em que o extintor está instalado deve ser sinalizado adequadamente com placas, faixas ou setas. Os extintores não deverão estar localizados nas paredes das escadas, não poderão ser encobertos por materiais e seu acesso não deverá ser obstruído de nenhuma forma.

Manutenção dos extintores de incêndio

Os extintores precisam ter sua carga renovada regularmente, em intervalos estabelecidos pelo fabricante, em geral variando de um a três anos.

Em intervalos maiores, o cilindro do extintor precisa passar por um teste hidrostático para determinar se há vazamentos ou algum outro dano estrutural que prejudique o funcionamento. Deve-se verificar periodicamente a data de validade dos extintores, sendo providenciada sua recarga sempre que necessário.

10.2.2 Capelas de exaustão química

Em diversos processos industriais — como manipulação de pós, líquidos voláteis, gases, entre outros — há emissão de poluentes que podem representar uma séria ameaça à saúde dos trabalhadores.

A exaustão localizada é o método mais eficiente para captar esses poluentes antes que atinjam a zona de respiração dos operadores ou contaminem o ambiente de trabalho.

O sistema consiste de capela, dutos de ar, um exaustor e um sistema de filtros. Diferentes tipos de cabines são definidos de acordo com a área de trabalho (aberta ou fechada), tipos de exaustão e fluxos de ar, dependendo do objetivo a que se propõem — se a proteção ao operador ou ao ambiente.

A manipulação de algumas substâncias químicas que emitem vapores — como solventes e soluções contendo formol, por exemplo — requer a utilização de **capelas de exaustão química** (ver Figura 10.13). Uma avaliação de risco deve ser efetuada antes de se iniciar o trabalho que envolve substâncias químicas.

10.2.3 Cabine de segurança biológica

As cabines de segurança biológica geralmente são usadas como contenção primária no trabalho com agentes de risco biológico, minimizando a exposição do operador, do produto ou do ambiente.

Essas cabines são providas de filtros HEPA (*High-Efficiency Particulate Air*) e fluxo laminar de ar. Os filtros HEPA têm a capacidade de filtrar partículas de até 0,3 micrômetro com uma eficiência de no mínimo 99,97%. O fluxo de ar dentro da cabine se desloca em planos paralelos e em velocidade aproximadamente constante, sem se intercruzar. Dessa forma, o ar, juntamente com os aerossóis, não é deslocado para fora da cabine, sendo direcionado ao filtro de alta eficiência, impedindo a con-

Figura 10.13 **Capela de exaustão química** ▶

©RAMOS E COLS.

taminação biológica do operador e do ambiente. Substâncias químicas e radioisótopos não devem ser utilizados em cabines de fluxo laminar, pois os filtros HEPA não retêm substâncias químicas vaporizadas ou sublimadas.

10.2.4 Chuveiro lava-olhos

Os chuveiros lava-olhos são destinados a eliminar ou minimizar os danos causados por acidentes nos olhos ou na face e em qualquer parte do corpo (ver Figuras 10.114a e 10.14b).

> Em estabelecimentos de beleza que desenvolvem suas atividades normais, deve haver uma avaliação para a possibilidade de uso de capela de exaustão química, não havendo a necessidade de utilização de capela de fluxo laminar.

O lava-olhos é formado por dois pequenos chuveiros de média pressão acoplados a uma bacia de aço inox, cujo ângulo permite o direcionamento correto do jato de água na face e nos olhos. Esse equipamento poderá estar acoplado ao chuveiro de emergência ou ser do tipo frasco de lavagem ocular.

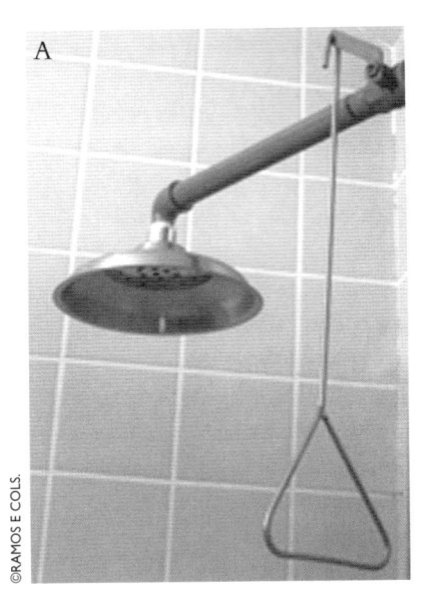

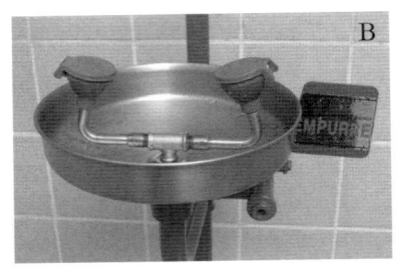

Figuras 10.14a e b **Chuveiro lava-olhos** ▶

©RAMOS E COLS.

A manutenção de todos os equipamentos de proteção coletiva deverá ser constante, obedecendo a uma periodicidade de limpeza, verificação da capacidade de funcionamento e reparos de cada um.

O chuveiro de emergência poderá ser instalado em local de fácil acesso para toda a equipe técnica. Deve ser facilmente acionado pelas mãos, cotovelos ou joelhos por meio de alavancas.

Em estabelecimentos de beleza, até o presente momento, não é obrigatória a instalação de lava-olhos.

Referências Consultadas

▶ ABNT (Associação Brasileira de Normas Técnicas). NBR 12962 de 1994. Inspeção, manutenção e recarga em extintores de incêndio.

▶ Brasil. Ministério da Saúde. Fundação Oswaldo Cruz Instituto de Pesquisas Clínicas Evandro Chagas. Manual de limpeza. Rio de Janeiro: IPEC; 2003.

▶ ____. Recomendações para atendimento e acompanhamento de exposição ocupacional a material biológico: HIV hepatites B e C. Brasília: MS; 2005.

▶ Brasil. MTE (Ministério do Trabalho e Emprego). NR23: Proteção contra incêndios. Brasília: MTE; 1978. Disponível em: http://www.mte.gov.br/legislacao/normas_regulamentadoras/default.asp. Acessado em novembro de 2009.

▶ ____. NR6: Equipamento de proteção individual – EPI. Brasília: MTE; 2006. Disponível em: http://www.mte.gov.br/legislacao/normas_regulamentadoras/default.asp. Acessado em novembro de 2009.

▶ CDC/ATSDR. Protocol for handling occupational exposures to human immunodeficiency virus (HIV). Oct 1992. Disponível em: http://wonder.cdc.gov/wonder/PrevGuid/p0000085/p0000085.asp#head004000000000000. Acessado em novembro de 2009.

▶ Guandalini LS et al. Como controlar a infecção na odontologia. Londrina: Gnatus; 1997.

▶ INMETRO (Instituto Nacional de Metrologia). Norma NIE-DINQP-070 de janeiro de 2000: Regra específica para empresas de manutenção de extintor de incêndio.

▶ Lima e Silva FHA. Barreiras de contenção. In: Oda LM, Ávila SM (organizadores). Biossegurança em laboratórios de saúde pública. Brasília: MS; 1998. p. 31-56.

▶ Marziale MHP, Nishimura KYN, Ferreira MM. Riscos de contaminação ocasionados por acidentes de trabalho com material perfurocortante entre trabalhadores de enfermagem. ver. Latino-Am. Enfermagem. 2004;12(1):36-42.

▶ Oppermann CM, Pires LC. Manual de biossegurança para serviços da saúde. Porto Alegre: PMPA/SMS/CGVS; 2003.

▶ Schmidlin KCS. Biossegurança na estética: equipamentos de proteção individual. São Paulo: Personalité; 2006, 44, p. 80-101.

11

Gerenciamento de Resíduos Gerados em Estabelecimentos de Beleza

Todas as atividades — sejam domiciliares, comerciais ou industriais — implicam de alguma forma a geração de resíduos, sendo que estes variam conforme o processo gerador, ou seja, para cada tipo de processo são gerados resíduos com características específicas.

Os resíduos gerados em função das atividades humanas são motivos de preocupação, uma vez que representam risco à saúde e ao meio ambiente. Assim, de forma direta ou indireta, os resíduos têm grande importância na transmissão de doenças por meio de vetores e pelo próprio ser humano. Quando não são tomados cuidados essenciais, os resíduos contribuem para a poluição biológica, física e química do solo, da água e do ar.

Os resíduos recolhidos das residências e dos pequenos estabelecimentos comerciais são considerados *resíduos domiciliares* (não perigosos). Esses resíduos, assim como os resultantes das demais atividades de limpeza urbana, são genericamente denominados *resíduos urbanos*, cuja gestão é de responsabilidade das prefeituras.

Os resíduos de serviços da saúde **(RSS)** são geralmente chamados de resíduos especiais ou hospitalares.

Os resíduos gerados em decorrência de serviços da saúde **(RSS)** constituem uma categoria específica dos resíduos sólidos devido a suas particularidades, especialmente em razão da presença dos resíduos com risco químico e biológico.

Nas últimas seis décadas, observou-se que os estabelecimentos de saúde passaram por uma enorme evolução, especialmente devido ao desenvolvimento da ciência médica, em que a cada dia novas tecnologias são incorporadas aos métodos de diagnóstico e tratamento, agregando novos materiais, substâncias e equipamentos. Esse processo, assim como ocorre em outros setores, em especial no setor da beleza, reflete-se na composição dos resíduos gerados, que também se tornam mais complexos e, em alguns casos, mais perigosos para o homem e para o meio ambiente.

O gerenciamento de resíduos deve abranger todas as etapas de planejamento dos recursos físicos, dos recursos materiais e da capacitação dos recursos humanos envolvidos.

Atualmente, o gerenciamento de RSS é praticado e exigido rotineiramente em estabelecimentos de saúde, de acordo com a RDC 306 (ANVISA, 2004). Porém, os estabelecimentos de beleza também são geradores de resíduos dessa natureza, sendo recomendada a implantação de um plano de **gerenciamento de resíduos** nessas unidades.

O gerenciamento dos resíduos constitui-se em um conjunto de procedimentos de gestão planejados e implementados a partir de bases científicas, técnicas e normativas legais, com o objetivo de minimizar a produção de resíduos e proporcionar aos mesmos um encaminhamento seguro, de forma eficiente, visando à proteção dos trabalhadores, à preservação da saúde pública, dos recursos naturais e do meio ambiente. Todo gerador deve elaborar um Plano de Gerenciamento de Resíduos baseado nas características dos resíduos gerados (ANVISA, 2004).

Na área da saúde, os resíduos sólidos são classificados de acordo com seu risco em potencial em cinco grupos distintos, conforme a RDC 306 (ANVISA, 2004).

- **Grupo A** resíduos com risco biológico;
- **Grupo B** resíduos com risco químico;
- **Grupo C** rejeitos radioativos;
- **Grupo D** resíduos recicláveis;
- **Grupo E** resíduos perfurocortantes.

Geralmente, em estabelecimentos de beleza, são gerados os seguintes resíduos:

- comuns;
- recicláveis;
- infectantes;
- químicos;
- perfurocortantes.

Os rejeitos radioativos são RSS, mas não fazem parte dos resíduos gerados em estabelecimentos de beleza.

Recomenda-se que cada estabelecimento de beleza, dependendo do tipo de atividade desenvolvida, determine locais adequados no próprio ambiente de trabalho (nos diversos setores, se possuir) para a localização das lixeiras de coleta dos resíduos gerados.

O gerenciamento de resíduos inicia-se com a separação, já no momento do uso, dos diferentes tipos de resíduos. Cada lixeira deve conter a identificação com etiqueta adesiva identificando o tipo de resíduo, juntamente com uma lista dos possíveis resíduos que deverão ser desprezados nessas lixeiras. Recomenda-se a programação visual padronizando **símbolos e descrições** utilizadas (ver página 148).

O plano de gerenciamento de RSS deve descrever o **manejo** dos diferentes resíduos gerados no estabelecimento de beleza, estabelecendo procedimentos adequados desde a geração até a disposição final, incluindo as seguintes etapas:

Segundo a RDC 306 (ANVISA, 2004), o manejo dos resíduos é entendido como a ação de gerenciar os resíduos em seus aspectos intra e extra-estabelecimento.

11.1 Etapas do gerenciamento de resíduos

11.1.1 Segregação

Trata-se da separação dos resíduos no momento e local de sua geração, de acordo com as características físicas, químicas, biológicas, seu estado físico e os riscos envolvidos, sendo fundamental a capacitação do pessoal responsável.

Os principais objetivos da segregação são: minimizar a contaminação de resíduos considerados comuns; permitir a adoção de procedimentos específicos para o manejo de cada grupo de resíduos; reduzir os riscos para a saúde; reciclar ou reaproveitar parte dos resíduos comuns.

11.1.2 Acondicionamento

O acondicionamento consiste no ato de embalar os resíduos segregados em sacos ou recipientes que evitem vazamentos e resistam às ações de punctura e ruptura, reduzindo os riscos de contaminação e facilitando a coleta, o armazenamento e o transporte.

A capacidade dos recipientes de acondicionamento deve ser compatível com a geração diária de cada tipo de resíduo.

O acondicionamento deve observar regras e recomendações específicas e ser supervisionado de forma rigorosa. Os sacos de acondicionamento devem ser alocados em **lixeiras com tampa sem contato manual** (ver Figura 11.1).

11.1.3 Identificação

É o conjunto de medidas que permite o reconhecimento dos resíduos contidos nos sacos e nos recipientes, fornecendo informações para o correto manejo dos resíduos. A **identificação** (ver Figura 11.2), que é específica para cada grupo de resíduos, deve estar aposta nos sacos de acondicionamento, nos recipientes de coleta interna e externa, nos locais de armazenamento, em local de fácil visualização, utilizando-se símbolos, cores e frases, atendendo aos parâmetros referenciados na NBR 7500 (ABNT, 2000).

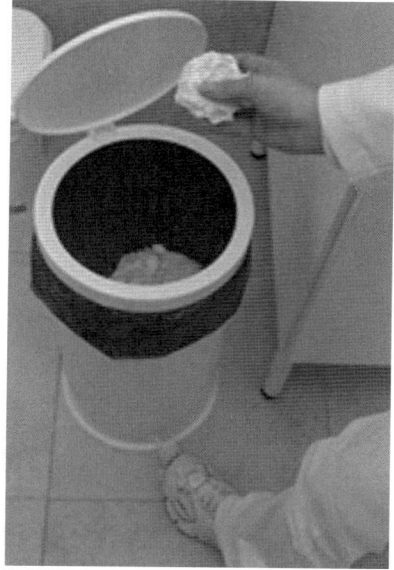

©RAMOS E COLS.

Figura 11.1 **Lixeiras com tampa sem contato manual** ▶

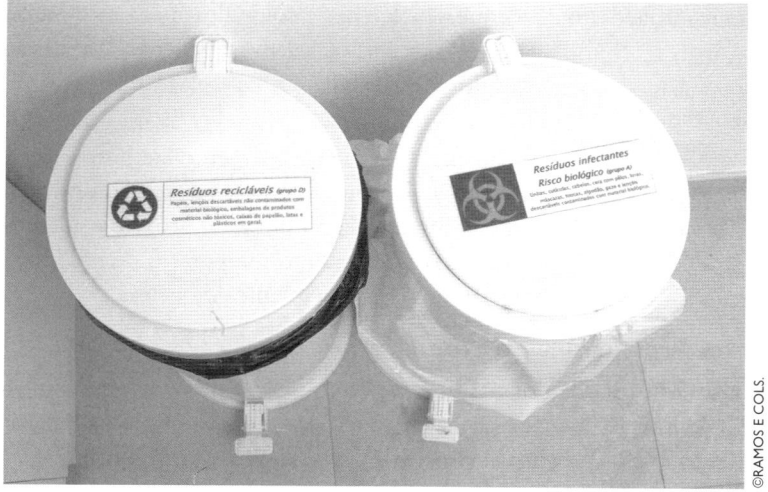

©RAMOS E COLS.

Figura 11.2 Identificação dos resíduos ▶

11.1.4 Transporte interno

Consiste no traslado dos resíduos dos pontos de geração até o local destinado ao armazenamento temporário ou armazenamento externo, com a finalidade de apresentação para a coleta.

O transporte interno de resíduos deve ser realizado atendendo roteiro previamente definido e em horários não coincidentes com períodos de trabalho ou de maior fluxo de pessoas ou de atividades. Deve ser feito separadamente, de acordo com o grupo de resíduos e em recipientes específicos a cada grupo.

Os recipientes para transporte interno devem ser constituídos de material rígido, lavável, impermeável, provido de tampa articulada ao próprio corpo do equipamento, cantos e bordas arredondados, sendo identificados com o símbolo correspondente ao risco do resíduo neles contidos.

11.1.5 Armazenamento temporário

Consiste na guarda temporária dos recipientes contendo os resíduos já acondicionados, em local estratégico do estabelecimento, próximo aos pontos de geração, mas também próximo aos pontos de coleta.

Em estabelecimentos de beleza, o local de armazenamento temporário é necessário para o armazenamento de resíduos biológicos, perfurocortantes e químicos sólidos (tóxicos), que não devem ser colocados em locais destinados à coleta comum ou seletiva, por serem considerados **resíduos especiais**.

Os resíduos especiais são também chamados de hospitalares, incluindo os do grupo A (biológicos), grupo B (químicos), grupo C (radioativo) e grupo E (perfurocortantes).

Os resíduos recicláveis também podem ser guardados no armazenamento temporário, enquanto aguardam a coleta seletiva. É recomendável que haja uma sala ou um local próprio e adequado para o armazenamento temporário de resíduos especiais em estabelecimentos de beleza.

11.1.6 Armazenamento externo

Consiste na guarda dos resíduos especiais devidamente acondicionados, até a realização da etapa de coleta externa, em ambiente extra-estabelecimento exclusivo, com acesso externo facilitado (ver Figura 11.3).

Em estabelecimentos de beleza, devido à pequena quantidade de resíduos especiais, o local de armazenamento externo pode ser semelhante ao dos demais estabelecimentos comerciais e domiciliares, ou seja, destinado apenas ao armazenamento temporário de resíduos comuns, desde que possua, no interior do estabelecimento, local apropriado de armazenamento temporário de resíduos especiais. Assim, o local de armazenamento externo para estabelecimentos de beleza não requer, necessariamente, os requisitos imprescindíveis para estabelecimentos de saúde, conforme a RDC 306 (ANVISA, 2004).

11.1.7 Coleta e transporte externos

Consistem na remoção dos resíduos do abrigo (armazenamento temporário ou externo) e transporte até a unidade de tratamento ou disposição final, utilizando técnicas que garantam a preservação das condições de acondicionamento e a integridade dos trabalhadores, da população e do meio ambiente, devendo estar de acordo com as orientações da NBR 14652 (ABNT, 2001).

A coleta dos resíduos comuns é de responsabilidade dos órgãos de limpeza urbana. A **coleta seletiva**, específica para resíduos recicláveis, também é de responsabilidade dos órgãos de limpeza urbana de cada município, mas realizada por veículos

> Os resíduos submetidos à coleta seletiva são aqueles destinados à reciclagem – portanto não devem ser descartados juntamente com o lixo comum.

Figura 11.3 **Coleta externa**

distintos da coleta comum. Em alguns municípios, existem cooperativas de catadores de lixo reciclável.

A coleta dos resíduos especiais deve ser realizada por empresa especializada ou pelo próprio órgão de limpeza urbana que ofereça esse serviço. Os veículos são diferenciados e os funcionários são devidamente treinados e paramentados com os devidos EPIs. Geralmente a empresa responsável pela coleta especial recolhe uma taxa, cujo valor depende da localização do estabelecimento e da periodicidade da coleta, podendo ser semanal, quinzenal ou mensal. Enquanto aguarda a coleta, os resíduos especiais devem permanecer no local de armazenamento temporário ou externo devidamente acondicionados e identificados, não podendo ser misturados aos resíduos comuns e recicláveis.

11.1.8 Tratamento e destino final

O tratamento e disposição final dos resíduos após a coleta são de responsabilidade dos órgãos e empresas de coleta, obedecendo às diretrizes da NBR 12810 (ABNT, 1993).

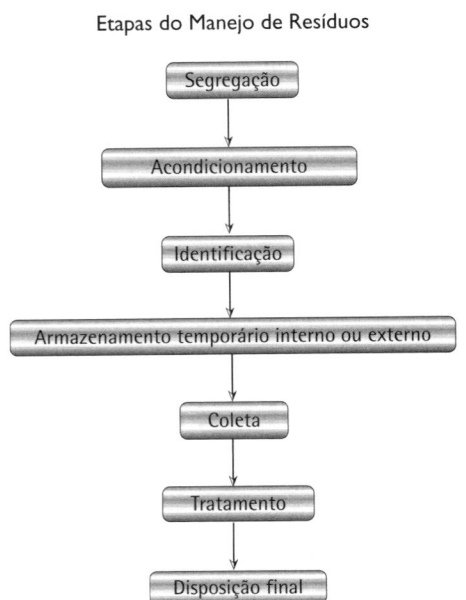

Etapas do Manejo de Resíduos

- Segregação
- Acondicionamento
- Identificação
- Armazenamento temporário interno ou externo
- Coleta
- Tratamento
- Disposição final

Os resíduos comuns geralmente são descartados diretamente em aterros sanitários, enquanto os resíduos hospitalares devem sofrer tratamentos como esterilização, incineração, irradiação entre outros, antes da disposição nos aterros.

A disposição final dos resíduos após a coleta deve ser fiscalizada e cobrada pelos estabelecimentos geradores e por todos os cidadãos, pois é um problema de saúde pública, afetando diretamente a saúde da população e o meio ambiente.

11.2 Classificação e manejo dos resíduos gerados na área da beleza

A classificação dos RSS, estabelecida na RDC 306 (ANVISA, 2004), com base na composição e características biológicas, físicas e químicas dos resíduos, tem como finalidade propiciar o adequado gerenciamento desses resíduos, no âmbito interno e externo dos estabelecimentos de saúde.

A seguir, os resíduos gerados em estabelecimentos de beleza serão exemplificados e seu manejo será discutido.

11.2.1 Resíduos biológicos (GRUPO A)

Os resíduos biológicos são os que contêm ou entraram em contato com micro-organismos ou material biológico como sangue, secreções e exsudatos.

- Entre os **resíduos biológicos gerados em atividades de cosmetologia e estética**: unhas, cutículas, palitos de unhas, cabelos, cera com pelos, luvas, máscaras, toucas, algodão, gazes, lençóis descartáveis e papéis protetores de macas contaminados com material biológico.

- Os resíduos do grupo A devem ser acondicionados em **saco plástico branco leitoso** (ver Figura 11.4), resistente, impermeável, de

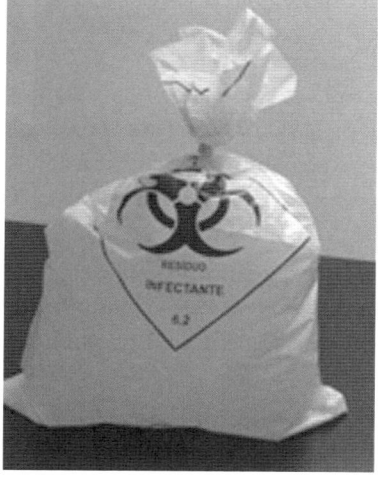

Figura 11.4 **Saco plástico branco leitoso** ▶

acordo com as especificações da NBR 9190 (ABNT, 2000), devidamente identificado com rótulo de fundo branco, desenho e contorno preto, contendo o símbolo universal de substância infectante, baseado na NBR 7500 (ABNT, 2000), acrescido da inscrição "Risco Biológico" ou "Infectante". Os sacos plásticos devem ser acomodados em cestos de lixo com tampa e pedal, também identificados.

11.2.2 Resíduos químicos (GRUPO B)

TÓXICO

Os resíduos químicos são os que contêm substâncias químicas que podem apresentar risco à saúde pública ou ao meio ambiente, dependendo de suas características de corrosividade, reatividade, inflamabilidade, toxicidade, citogenicidade e explosividade.

Os EPIs, especialmente as luvas usadas, são considerados resíduos biológicos ou infectantes, porém passam a ser resíduos químicos a partir do momento em que entraram em contato com substâncias químicas.

- Entre os **resíduos químicos gerados em atividades de cosmetologia e estética**, citamos: embalagens de produtos cosméticos contendo substâncias tóxicas (como amônia, peróxido de hidrogênio, tioglicolato, ácidos esfoliantes, entre outros) e ainda Equipamentos de Proteção Individual (EPIs), como **luvas** contaminadas com produtos tóxicos.

No grupo B também estão incluídos resíduos saneantes, desinfetantes (inclusive os recipientes contaminados por estes) e demais produtos considerados perigosos, conforme classificação da NBR 10.004 (ABNT, 1987), como os tóxicos, corrosivos, inflamáveis e reativos.

Os resíduos químicos que apresentam risco à saúde ou ao meio ambiente devem ser diferenciados daqueles que poderão ser encaminhados à reciclagem, devendo nesse caso, ser segregados e acondicionados de forma isolada.

Resíduos no estado líquido podem ser lançados na rede coletora de esgoto ou em corpo receptor, *desde que* atendam às diretrizes estabelecidas pelos órgãos ambientais, gestores de recursos hídricos e de saneamento competentes. No caso de solventes e outros produtos químicos líquidos, estes *não devem* ser lançados na rede de esgoto, devendo ser acondicionados em recipientes individualizados constituídos de material compatível com o líquido armazenado, resistentes, rígidos e estanques, com tampa rosqueada e vedante, sendo observadas as exigências de compatibilidade química do resíduo com os materiais das embalagens.

Os resíduos **químicos sólidos** devem ser acondicionados em sacos plásticos apropriados e identificados com frases e símbolos de risco químico, acomodados em recipientes de material rígido, com tampa sem contato manual. As embalagens secundárias não contaminadas pelo produto devem ser segregadas e podem ser encaminhadas para processo de reciclagem.

> Em estabelecimentos de beleza, os resíduos químicos sólidos constituem-se principalmente em frascos contendo tinturas e alisantes capilares, além de outros produtos cosméticos.

O descarte de **pilhas**, **baterias** e acumuladores de carga contendo chumbo (Pb), cádmio (Cd), mercúrio (Hg) e seus compostos deve ser feito de acordo com a Resolução 257 (Conama, 1999), não sendo jamais descartados junto com resíduos comuns.

> Os fabricantes de pilhas e baterias recolhem esses produtos, sendo importante que os consumidores procurem postos de coleta ou entrem em contato com os fabricantes.

A identificação dos resíduos químicos é feita por meio do símbolo de risco associado, de acordo com a NBR 7500 (ABNT, 2000) e com discriminação de substância química e frases de risco.

11.2.3 Resíduos recicláveis (GRUPO D)

Os resíduos comuns têm as mesmas características dos resíduos domésticos. Podem, portanto, ser acondicionados em sacos plásticos comuns, de qualquer cor, de acordo com a NBR 9190 (ABNT, 2000). A reciclagem desses resíduos é recomendada na Resolução nº 5 (Conama, 1993). Caso o estabelecimento recicle os resíduos, estes podem ser acondicionados no local de geração em recipientes específicos para cada tipo de material reciclado (papel, plástico, metal, vidro). As **cores dos recipientes** (ver

Figura 11.5) podem estar de acordo com a Resolução nº 275 (Conama, 2001), que estabelece o seguinte código de cores para identificar cada tipo de resíduo:

- papel: cor azul;
- vidro: cor verde;
- metal: cor amarela;
- plástico: cor vermelha.

No caso de se utilizar o código de cores durante a separação para reciclagem, é importante também utilizar sacos coloridos, a fim de identificar corretamente os resíduos separados.

Os resíduos orgânicos (sobras de alimentos, podas de jardinagem etc.) devem ser acondicionados em recipientes na cor marrom, podendo ser aproveitados como adubo orgânico por meio do processo de compostagem de energia (através da biodigestão). Eles podem ainda ser reutilizados para alimentação de animais, após processamento de acordo com as normas sanitárias.

Figura 11.5 **Separação dos resíduos recicláveis em recipientes distintos** ▶

Os resíduos não aproveitáveis devem ser acondicionados em recipientes de cor cinza, conforme estabelece a Resolução 275 (Conama, 2001).

11.2.4 Resíduos perfurocortantes (GRUPO E)

Materiais perfurocortantes ou escarificantes incluem **agulhas** (ver Figura 11.6), lâminas de bisturi, lâminas de barbear, pinças, navalhas, tesouras, espátulas, alicates, cortadores de unha e todos os utensílios de vidro quebrados no estabelecimento.

Os artigos perfurocortantes reaproveitáveis devem ser encaminhados ao local em que será realizada a lavação, desinfecção e esterilização (ver o Capítulo 7) quando for o caso; os artigos descartáveis devem seguir os passos abaixo.

Os resíduos desse grupo devem ser segregados no local de sua geração, imediatamente após o uso.

As agulhas descartáveis devem ser sempre manuseadas por pessoas capacitadas, **utilizando luvas e outros EPIs** (ver Figura 11.7), sendo proibido reencapá-las, entortá-las ou quebrá-las.

O descarte deve ser realizado em **recipientes rígidos** (ver Figura 11.7), resistentes à punctura, à ruptura e ao vazamento, com tampa, de-

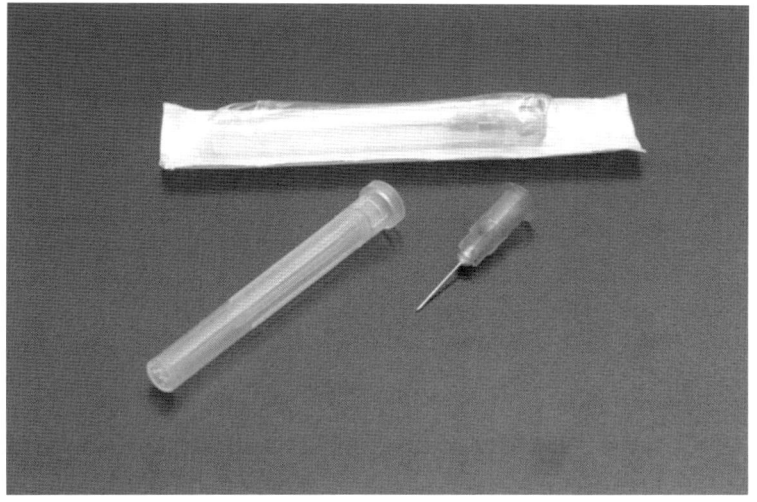

©RAMOS E COLS.

Figura 11.6 **Agulhas são materiais perfurocortantes que devem ser descartados após uso** ▶

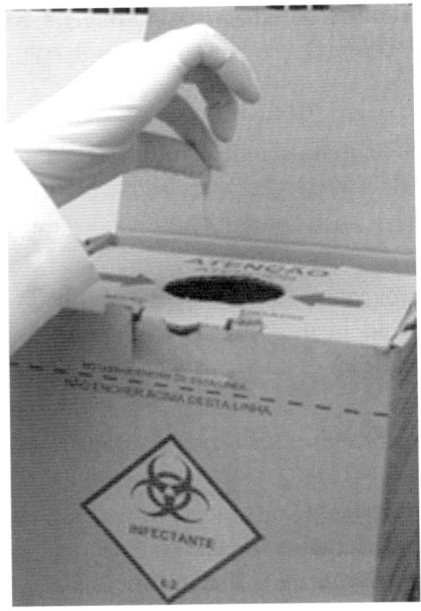

©RAMOS E COLS.

Figura 11.7 Descarte de material perfurocortante realizado com os EPIs em recipiente adequado ▶

vidamente identificados, atendendo aos parâmetros referenciados na norma NBR 13853 (ABNT, 1997), sendo expressamente proibido o esvaziamento desses recipientes e seu reaproveitamento.

O volume dos recipientes de acondicionamento deve ser compatível com a geração diária desse tipo de resíduo. Os recipientes devem ser descartados quando o preenchimento atingir dois terços de sua capacidade ou o nível de preenchimento ficar a cinco centímetros de distância da boca do recipiente.

Os recipientes devem estar identificados de acordo com o símbolo de substância infectante constante na NBR 7500 da ABNT (2000), com rótulos de fundo branco, desenho e contornos pretos, acrescidos da inscrição de resíduo perfurocortante e os riscos adicionais.

11.3 Como minimizar riscos associados aos resíduos

Toda atividade desenvolvida em estabelecimentos de saúde e beleza implica riscos — sejam eles em maior ou menor grau.

Sem procurar esgotar as possibilidades existentes, podemos citar algumas formas de minimizar os riscos gerados por resíduos em estabelecimentos de saúde e beleza:

- por meio da segregação, evitando a contaminação de resíduos comuns;
- com o uso de equipamentos de proteção individual e coletiva adequados a cada atividade;
- capacitando o pessoal de forma geral para que todos atuem no estabelecimento de forma segura e padronizada;
- adequando o projeto das instalações do estabelecimento visando à minimização do trajeto dos resíduos no interior do mesmo;
- planejando roteiros e estabelecendo horários das diversas atividades do estabelecimento para evitar a realização simultânea de atividades incompatíveis que possam agravar o risco de contaminação;
- identificando por meio de símbolos, cores e expressões os recipientes e locais que contêm resíduos perigosos;
- protegendo os locais de armazenamento temporário dos RSS, instalando telas ou grades, por exemplo, para evitar a entrada de vetores (insetos e pequenos animais);
- elaborando e utilizando procedimentos de trabalho que busquem minimizar a ocorrência de incidentes envolvendo os resíduos;
- utilizando a educação em saúde ambiental como forma de conscientização para os riscos envolvidos nas atividades do estabelecimento;
- buscando a participação de todo o quadro de funcionários do estabelecimento de saúde e beleza na identificação dos riscos e na geração de ideias para determinar formas de minimizar problemas.

Anexo

Sugestão de etiquetas para identificação dos diferentes grupos de resíduos gerados em estabelecimentos de beleza.

	**Resíduos comuns** Papel toalha usado e não contaminado com material biológico, restos de alimentos.
	**Resíduos recicláveis (grupo D)** Papéis, lençóis descartáveis não contaminados com material biológico, embalagens de produtos cosméticos não tóxicos, caixas de papelão, latas e plásticos em geral.
	**Resíduos infectantes** **Risco biológico (grupo A)** Unhas, cutículas, cabelos, cera com pelos, luvas, máscaras, toucas, algodão, gaze e lençóis descartáveis contaminados com material biológico.
	**Resíduos químicos (grupo B)** Embalagens de produtos cosméticos contendo substâncias tóxicas, como amônia, peróxido de hidrogênio, tioglicolato e ácidos esfoliantes.

Referências Consultadas

▶ ABNT (Associação Brasileira de Normas Técnicas). NBR 12810: coleta de resíduos de serviços de saúde. Rio de Janeiro: ABNT; 1993.

▶ ___. NBR 13853: coletores para resíduos de serviços de saúde perfurantes ou cortantes: requisitos e métodos de ensaio. Rio de Janeiro: ABNT; 1997.

▶ ___. NBR 7500: símbolos de risco e manuseio para o transporte e armazenamento de material. Rio de Janeiro: ABNT; 2000.

▶ ___. NBR 9190: sacos plásticos para acondicionamento de lixo: requisitos e métodos de ensaio. Rio de Janeiro: ABNT; 2000.

▶ ___. NBR 14652: coletor-transportador rodoviário de resíduos de serviços de saúde. Rio de Janeiro: ABNT; 2001.

▶ ___. NBR 10004: resíduos sólidos - classificação. 2. Ed. Rio de Janeiro: ABNT; 2004.

▶ ANVISA (Agência Nacional de Vigilância Sanitária). RDC nº 306 de 7 de dezembro de 2004: Regulamento técnico para o gerenciamento de resíduos de serviços da saúde.

▶ Brasil. Ministério da Ciência e Tecnologia. Instrução Normativa CTNBio nº 7 de 06/06/1997.

▶ Brasil. Ministério da Saúde. Diretrizes gerais para o trabalho em contenção com material biológico. Brasília: MS, 2004.

▶ ___. Reforsus. Gerenciamento de resíduos dos serviços de saúde. Brasília: MS; 2001. 115 p.

▶ ___. Fundação Nacional da Saúde. Manual de saneamento. Brasília: MS; 1999.

▶ Brasil. tem (Ministério do Trabalho e Emprego). NR7: programa de controle médico de saúde ocupacional. Brasília: MTE; 1998. Disponível em: http://www.mte. gov.br/legislacao/normas_regulamentadoras/default.asp. Acessado em novembro de 2009.

▶ ___. NR32: segurança e saúde no trabalho em serviços de saúde. Brasília: MTE, 2005. Disponível em: http://www.mte.gov.br/legislacao/normas_regulamentadoras/default.asp. Acessado em novembro de 2009.

▶ Conama (Conselho Nacional do Meio Ambiente). Resolução nº 5 de 5 de agosto de 1993: estabelece definições, classificação e procedimentos mínimos para o gerenciamento de resíduos sólidos oriundos de serviços de saúde, portos e aeroportos, terminais ferroviários e rodoviários.

▶ ___. Resolução nº 237 de 22 de dezembro de 1997: regulamenta os aspectos de licenciamento ambiental estabelecidos na Política Nacional do Meio Ambiente.

▶ ___. Resolução nº 257 de 30 de junho de 1999: estabelece que pilhas e baterias que contenham em suas composições chumbo, cádmio, mercúrio e seus compostos tenham os procedimentos de reutilização, reciclagem, tratamento ou disposição final ambientalmente adequados.

▶ ___. Resolução nº 275, de 25 de abril de 2001: estabelece código de cores para diferentes tipos de resíduos na coleta seletiva".

▶ Costa MA, Melo MFB, Oliveira NSF. Biossegurança: ambientes hospitalares e odontológicos. São Paulo: Livraria Santos; 2000.

▶ Covisa. Guia de orientação para estabelecimentos de assistência à saúde. São Paulo: Prefeitura Municipal de São Paulo; 2006. Disponível em: http://www.prefeitura. sp.gov.br/covisa. Acessado em novembro de 2009.

▶ Hirata MH, Filho JM. Manual de biossegurança. São Paulo: Manole; 2002.

12

Biossegurança e Qualidade

A *qualidade* é um valor subjetivo conhecido por todos e, no entanto, definido de forma diferenciada por diferentes grupos da sociedade.

A percepção dos indivíduos é diferente em relação aos mesmos produtos ou serviços, em função de suas necessidades, culturas, condições socioeconômicas, experiências e expectativas.

Os conceitos de qualidade são amplamente empregados na atualidade por organizações públicas e privadas, de qualquer porte, nas áreas de materiais, produtos, processos ou serviços.

Os empresários da área da beleza podem aplicar com sucesso esses conceitos na prestação de serviços e nos aspectos organizacionais e gerenciais de seus estabelecimentos.

A qualidade de um produto ou serviço assume diferentes apreciações e conceitos, quando projetada à visão do cliente e da empresa.

Do ponto de vista do cliente de um estabelecimento de beleza, a qualidade está associada ao valor e à utilidade reconhecida do serviço.

Para os clientes, a qualidade é um conceito multidimensional, no qual várias características do serviço são avaliadas, como: empatia com o profissional; disponibilidade de serviços e horários; agilidade e rapidez no atendimento; produtos utilizados; eficácia nos tratamentos; limpeza, higiene e organização do ambiente; utilização de normas de biossegurança; além, é claro, do custo. Assim, a qualidade tem muitas dimensões e é por isso um conceito complexo, sendo muitas vezes difícil até para o cliente exprimir o que considera um serviço ou produto de qualidade.

Do ponto de vista do estabelecimento, a qualidade se associa à concepção e prestação de um serviço que vá ao encontro das necessidades do cliente, o que deve ser definido de forma clara e objetiva. Isso significa que a empresa deve apurar quais são as necessidades dos clientes e, em função delas, definir os requisitos de qualidade.

Os requisitos são definidos em termos de variáveis como: funções desempenhadas, simpatia de quem atende ao cliente, rapidez do atendimento, eficácia do serviço etc. Cada requisito é em seguida quantificado, a fim de que a qualidade possa ser interpretada por todos (empresa, funcionários, gestores e clientes) exatamente da mesma maneira. A publicidade se faz em torno desses requisitos. Todo o funcionamento da "empresa de qualidade" gira em torno da oferta do conceito de qualidade que foi definido.

12.1 Controle e medida da qualidade

Para conhecer o andamento empresarial, é necessário estabelecer parâmetros de medidas, não somente subjetivos, mas que facilitem o gestor na tomada de decisão. A mensuração da qualidade dos produtos e serviços supre essa necessidade por meio do uso de indicadores.

Os **indicadores** de desempenho da qualidade devem apontar se a empresa está correspondendo ao desejo dos clientes, sendo reflexos da organização como um todo e apontando a direção estratégica que a empresa deseja seguir.

Exemplo de indicadores qualitativos: elaboração de questionários ou de perguntas a serem respondidas pelos clientes. Exemplo de indicadores quantitativos: quantidade de atendimentos por dia, semana ou mês.

Cada empresa precisa definir suas estratégias de implantação e medida da qualidade; para tanto, deve conhecer os conceitos e métodos que irá utilizar. Abaixo seguem alguns conceitos que visam auxiliar o empresário da beleza na escolha dos parâmetros e ferramentas a serem adotadas.

Controle da qualidade, garantia da qualidade e gestão da qualidade são conceitos relacionados com o de qualidade na indústria e serviços em diversas áreas, podendo ser aplicados também na área da beleza.

A **gestão da qualidade** compreende o conjunto de políticas gerais de desenvolvimento voltadas para o aumento da competitividade da empresa, principalmente no que diz respeito à melhoria de produtos e processos.

As responsabilidades para sua definição e implementação ocorrem a partir da direção da empresa, mas são compartilhados e seguidas por todos os funcionários, visando consolidar uma visão estratégica no desenvolvimento da qualidade no curto e longo prazos.

A **garantia da qualidade** abrange, por sua vez, todas as normas e ações técnicas para controlar e estabilizar processos, diminuir a variabilidade dos produtos, prevenir erros e defeitos.

Qualidade total é uma técnica de administração que coloca a qualidade dos produtos e serviços como principal foco para todas as atividades da empresa. Trata-se de uma forma de administração multidisciplinar constituída por um conjunto de programas, ferramentas e métodos aplicados no controle do processo de produção das empresas, para obter bens e serviços pelo menor custo e com melhor qualidade, objetivando atender às exigências e à satisfação dos clientes. Diz-se que é *total*,

> Controle da qualidade são as ações relacionadas com a medição da qualidade, para diagnosticar se os requisitos estão sendo respeitados e se os objetivos da empresa estão sendo atingidos.

> Gestão da qualidade é o processo de conceber, controlar e melhorar os processos da empresa – quer sejam eles de gestão, de produção, de marketing, de gestão de pessoal, de cobrança ou outros.

> Garantia da qualidade são as ações tomadas para redução de defeitos.

> Qualidade total é o conjunto de ações globais de responsabilização de funcionários e dirigentes em função da qualidade, por meio de métodos particulares, englobando e direcionando a garantia da qualidade.

uma vez que seu objetivo é a implicação não apenas de todos os escalões de uma organização (desde a gerência até os funcionários), mas também da organização estendida, ou seja, seus fornecedores, distribuidores e demais parceiros. Compõe-se de diversos estágios — planejamento, organização, controle e liderança. Hoje, a qualidade total abrange até as questões de qualidade de vida e qualidade ambiental.

Dois tipos de movimentos de repercussão internacional contribuíram para o desenvolvimento de políticas de qualidade em empresas. São eles:

- As normas da série 9000 emitidas pela *International Standardization Organization* (ISO), de origem europeia. A maioria das normas descreve procedimentos para a acreditação de empresas e regulamenta a asseguração de que os cuidados com a qualidade serão recíprocos entre as partes comerciais envolvidas, o que se faz por meio da documentação sistemática de procedimentos e da manutenção de provas e registros.

- Os programas de "qualidade total" originados em indústrias japonesas e norte-americanas, que são voltados para o engajamento de todos os colaboradores da empresa para análise e solução de problemas.

12.2 Algumas ferramentas utilizadas para a implementação de programas de qualidade

12.2.1 Programa 5S

Etapa inicial e base para implantação da qualidade total, o programa 5S é assim chamado devido à primeira letra de cinco palavras japonesas: *Seiri* (descarte), *Seiton* (arrumação), *Seiso* (limpeza), *Seiketsu* (higiene) e *Shitsuke* (disciplina).

SEIRI	DESCARTE
SEITON	ARRUMAÇÃO
SEISO	LIMPEZA
SEIKETSU	SAÚDE
SHITSUKE	DISCIPLINA

O programa tem como objetivo mobilizar e motivar toda a empresa por meio da organização e da disciplina no local de trabalho.

A ordem, a limpeza, o asseio e a autodisciplina são essenciais para a produtividade.

O programa 5S tem aplicabilidade em diversos tipos de empresas e órgãos, incluindo residências, pois traz benefícios a todos que convivem no local, melhora o ambiente, as condições de trabalho, saúde, higiene e acarreta eficiência e qualidade.

A implementação do programa visa à melhoria da qualidade de vida, prevenção de acidentes, redução de custos, conservação de energia, prevenção quanto a interrupções por quebras, melhoria dos ambientes frequentados, incentivo à criatividade e à administração participativa e melhoria da produtividade.

É importante lembrar que implantar o programa não é apenas traduzir os termos e estudar sua teoria e seus conceitos. Sua essência é mudar atitudes e o comportamento pessoal.

12.2.2 O ciclo PDCA

O ciclo PDCA foi idealizado por Shewhart e mais tarde aplicado por Deming (1967) no uso de estatísticas e métodos de amostragem.

O conceito do ciclo evoluiu ao longo dos anos como uma ferramenta que melhor representava o ciclo de gerenciamento de uma atividade, vinculando-se também à ideia de que uma organização encarregada de atingir um determinado objetivo necessita planejar e controlar as atividades a ela relacionadas.

O ciclo PDCA compõe o conjunto de ações em sequência dado pela ordem estabelecida pelas letras que compõem a sigla: P (*Plan* = planejar), D (*Do* = fazer), C (*Check* = verificar), A (*Act* = agir).

P (PLAN= PLANEJAR)
D (DO= FAZER)
C (CHECK= VERIFICAR)
A (ACT= AGIR)

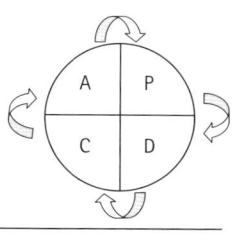

O primeiro passo para a implementação dessa ferramenta é estabelecer uma meta e os métodos para alcançá-la.

A próxima etapa é a execução do trabalho, sendo que, para isso, o pessoal precisa ser treinado.

O passo seguinte é a verificação dos efeitos das ações realizadas, eventualmente confeccionando relatórios.

Por fim, a última etapa é a mudança de postura de acordo com os resultados encontrados, aprimorando a execução e corrigindo eventuais falhas.

A implementação de políticas de qualidade utilizando esse método requer força de vontade, determinação e coesão do grupo.

12.2.3 5W 1H

O 5W 1H é um formulário para execução e controle de tarefas que atribui responsabilidades e determina as circunstâncias em que o trabalho deverá ser realizado.

WHAT (O QUÊ)
WHO (QUEM)
WHEN (QUANDO)
WHERE (ONDE)
WHY (POR QUE)
HOW (COMO)

O formulário recebeu esse nome devido à primeira letra das palavras inglesas: *What* (O Quê), *Who* (Quem), *When* (Quando), *Where* (Onde), *Why* (Por quê), e da palavra iniciada pela letra H, *How* (Como).

A preparação do formulário dá-se por meio da descrição dos seguintes tópicos, em ordem:

Tabela 12.1 Tópicos necessários para a construção do formulário 5W 1H

Nível de organização	Tópicos
Estratégico	**Por quê?** (motivo — é uma breve descrição da necessidade de se executar o objeto)
Gerencial	**O quê?** (descrição do evento, produto, serviço e contexto)
Tático/operacional	**Como?** (método, recursos, procedimentos)
	Quem? (pessoas, perfis, competência e seus papéis para cada estratégia)
	Quando? (cronograma, datas — início, meio e fim)
	Onde? (local — endereço, mapa, coordenadas)

12.2.4 Diagrama de Pareto

O diagrama de Pareto é um gráfico de barras que permite a visualização de dados segundo critérios de priorização.

Trata-se de uma forma de descrição gráfica em que se procura identificar quais itens são responsáveis pela maior parcela dos problemas.

O diagrama tem origem no modelo econômico de Pareto traduzido por Juran para a área da qualidade e afirma sucintamente: "Alguns elementos são vitais; muitos, apenas triviais". Sua base refere-se ao fato de que um pequeno número de causas (geralmente 20%) é responsável pela maioria dos problemas (80%).

Vilfredo Pareto, economista e sociólogo italiano que viveu no século XIX, relatou que 20% da população detêm 80% de toda riqueza de um país, premissa universalmente verdadeira, tendo em vista que nas empresas, aceitas pequenas variações estatísticas, 20% dos itens estocados respondem por 80% do valor total em estoque, 20% dos clientes respondem por 80% do faturamento total do negócio e também 20% dos problemas respondem por 80% de todos os resultados indesejáveis da empresa.

A grande aplicabilidade desse princípio à resolução dos problemas da qualidade reside precisamente no fato de ajudar a identificar o reduzido número de causas que estão muitas vezes por trás de grande parte dos problemas que ocorrem.

Uma vez identificadas as causas vitais, devemos proceder à sua análise, estudando e implementando processos que conduzam à sua redução ou eliminação.

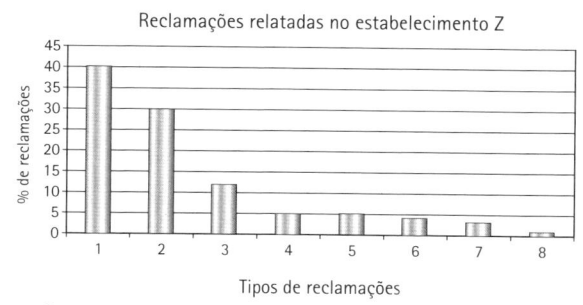

Reclamações relatadas no estabelecimento Z

1 Demora no atendimento
2 Não cumprimento do horário marcado
3 Acidentes com utensílios ou produtos
4 O resultado final do tratamento estético não agradou ao cliente
5 Reação alérgica ao produto
6 Não atendimento por falta de horário
7 Antipatia do profissional
8 Ambiente desconfortável

Figura 12.1 **Exemplo de diagrama de Pareto aplicado à área da beleza** ▶

12.2.5 Diagrama de causa e efeito

O diagrama de "causa e efeito" — também denominado diagrama de "Ishikawa" ou "espinha de peixe" — investiga os efeitos produzidos por determinadas categorias de causas.

As causas principais dos problemas são chamadas de 6 Ms: Mão-de-obra (ou pessoas), Materiais (ou componentes), Máquinas (ou equipamentos), Métodos, Meio ambiente e Medição.

O diagrama é composto por uma linha central com ramificações na parte superior e inferior. O efeito é anotado na extremidade direita da linha central e as diversas categorias de causas de problemas são anotadas nas extremidades das ramificações que são levemente inclinadas para o lado esquerdo. Esse delineamento fornece ao diagrama um aspecto de espinha de peixe, nome pelo qual também é conhecido. Essa ferramenta permite a clara visualização das causas que devem ser observadas e levadas em consideração para que o problema seja resolvido e o objetivo, alcançado.

A estrutura lógica oferecida pela ferramenta deixa claro que, para "toda ação há uma reação" — o que terá impacto na empresa e comprometerá ou impulsionará a implementação de suas estratégias, existindo uma relação explícita de causa e efeito que permeia todas as perspectivas.

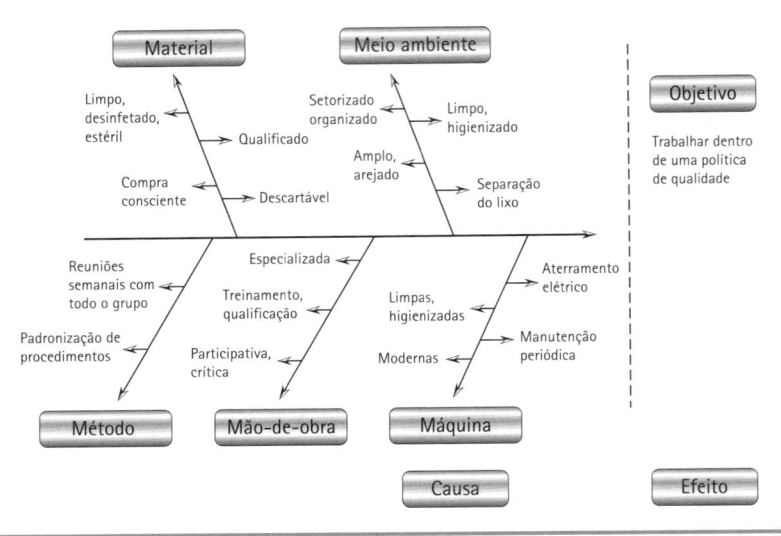

Figura 12.2 **Exemplo de diagrama de causa e efeito aplicado à área da beleza**

12.2.6 Fluxograma

O fluxograma é uma ferramenta que consiste na representação gráfica da rotina de um processo de produção ou serviço prestado/atendimento por meio de **símbolos padronizados**.

Outros símbolos existentes podem ser utilizados e novos símbolos podem ser criados, desde que sejam devidamente explicados ou legendados. Números e letras podem ser usados para acrescentar explicações textuais e detalhadas de cada passo.

O fluxograma permite o mapeamento individualizado de cada etapa de uma sequência de trabalho de forma detalhada ou de forma sintética, em que os responsáveis e os setores envolvidos podem ser visualizados no processo.

Os objetivos principais de um fluxograma são: padronização na representação dos métodos ou procedimentos da empresa; melhoria da leitura das rotinas; visualização dos responsáveis pelas atividades e setores envolvidos e identificação dos pontos mais importantes das atividades visualizadas, o que permite maior flexibilização e melhor grau de análise do processo como um todo.

A representação das rotinas e procedimentos por meio do fluxograma indica a organização e o dinamismo da empresa, visto que o entendimento de uma mensagem se torna mais simplificado quando ela é acompanhada de imagens ou sinais.

Símbolos padronizados básicos para montagem de fluxograma	
Símbolo	Significado
⬭	Início ou término
▭	Processo/operação
◇	Decisão
▭	Processo predefinido
⇨	Movimento
⬭	Espera

Figura 12.3 **Exemplo de fluxograma aplicado à área da beleza** ▶

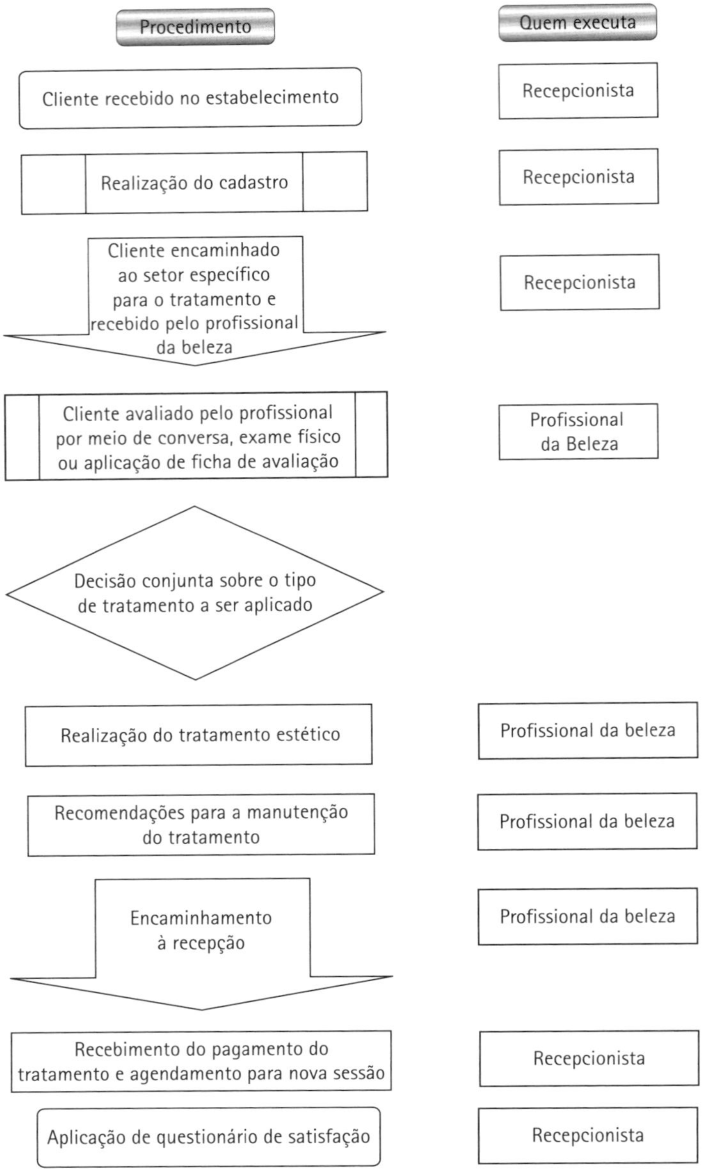

Procedimento	Quem executa
Cliente recebido no estabelecimento	Recepcionista
Realização do cadastro	Recepcionista
Cliente encaminhado ao setor específico para o tratamento e recebido pelo profissional da beleza	Recepcionista
Cliente avaliado pelo profissional por meio de conversa, exame físico ou aplicação de ficha de avaliação	Profissional da Beleza
Decisão conjunta sobre o tipo de tratamento a ser aplicado	
Realização do tratamento estético	Profissional da beleza
Recomendações para a manutenção do tratamento	Profissional da beleza
Encaminhamento à recepção	Profissional da beleza
Recebimento do pagamento do tratamento e agendamento para nova sessão	Recepcionista
Aplicação de questionário de satisfação	Recepcionista

12.2.7 Folha de verificação

A folha de verificação é um formulário estruturado para viabilizar e facilitar a coleta e posterior análise de dados, sobre a frequência com que determinado fato ou problema ocorre.

Um exemplo prático na área da beleza é a utilização da folha de verificação a fim de anotar a frequência e outras informações na utilização da autoclave para esterilização de alicates de cutícula, pinças e outros instrumentos. Essa ferramenta da qualidade permite verificar a uniformidade dos parâmetros do equipamento (temperatura e pressão), frequência de uso e ainda, caso ocorra um problema técnico com o equipamento, existe o controle de quem foi o último funcionário a utilizá-lo.

Tabela 12.2 **Exemplo de folha de verificação de utilização da autoclave em um estabelecimento de beleza**

Responsável	Temperatura (°C)	Pressão (kgf/cm°)	Quantidade de material	Data	Assinatura

12.2.8 Procedimentos Operacionais Padronizados (POPs)

Os Procedimentos Operacionais Padronizados (POPs) são documentos nos quais se registram os processos para o controle dos itens mais críticos dentro de um estabelecimento. Devem servir como instrumento para a padronização de processos e procedimentos.

São peças fundamentais para a organização, efetivação e eficácia dos procedimentos adotados pela empresa, já que devem estar ao alcance dos colaboradores, dos dirigentes e da fiscalização. Devem conter as instruções sequenciais das operações e a frequência de execução, especificando o nome, o cargo ou a função dos responsáveis pelas atividades. Ao final da elaboração, os POPs são aprovados, datados e assinados pelo responsável do estabelecimento.

Os POPs devem ser específicos para cada empresa e deverão descrever a frequência dos procedimentos, o responsável pela realização, o tipo de monitorização e a ação corretiva.

Estrutura geral dos POPs

Os POPS devem estar escritos de forma clara e objetiva, evitando ao máximo que tenham grande volume. A intenção deve ser a de evidenciar facilmente a maneira como a empresa executa o procedimento.

Os itens a serem descritos nos POPs são os seguintes:

- **Objetivo** descrever nesse item os objetivos do documento, iniciando sempre com um verbo: estabelecer, proceder, normatizar e outros;
- **Documentos de Referência** citar normas técnicas e legais que servem como base para o documento;
- **Campo de Aplicação** descrever para quais setores/áreas da empresa o procedimento se aplica;
- **Definições** definir termos usados; citar conceitos;
- **Responsabilidades** citar quem serão os responsáveis pela execução do procedimento, pela sua monitorização, verificação e pelas ações corretivas;
- **Descrição** nesta etapa devem ser descritos os procedimentos passo a passo;
- **Monitorização** citar como será feita a monitorização do procedimento. Se o uso de tabelas e planilhas se fizer necessários, os modelos devem ser anexados;
- **Ação Corretiva** descrever quais serão as ações corretivas para cada situação de não conformidade possível;
- **Verificação** descrever de forma clara e objetiva o quê, como, quando e quem executará os procedimentos.

12.3 Treinamento e educação continuada

Para que a efetiva implantação do novo modelo gerencial ocorra, torna-se imprescindível a presença dos processos de educação e treinamento.

Não existe qualidade total ou gestão da qualidade sem esses dois componentes vitais.

A gestão da qualidade total valoriza o ser humano no âmbito das organizações, reconhecendo sua capacidade de resolver problemas no local e no momento em que ocorrem. Ela precisa ser entendida como uma nova maneira de pensar antes de agir e produzir. Implica uma mudança de postura gerencial e uma forma moderna de entender o sucesso de uma organização. Trata-se de uma nova filosofia que exige mudanças de atitude e de comportamento, em que as relações internas tornam-se mais participativas e a estrutura, mais descentralizada.

É muito importante, porém, que a direção não venha a enrijecer todo o processo pelo excesso de normas, dificultando as iniciativas, a criatividade e a autonomia dos profissionais. A intenção dos programas de qualidade é promover a interação entre os profissionais, garantindo a captação de perfis e de habilidades cognitivas e operacionais.

A gestão pela qualidade ocorre em um ambiente participativo. O clima de maior abertura e criatividade leva a uma maior produtividade. A procura constante de inovações, o questionamento sobre a forma costumeira de agir e o estímulo à criatividade criam um ambiente propício à busca de soluções novas e mais eficientes.

Uma sugestão para o desenvolvimento da formação continuada no estabelecimento de beleza seria a organização de reuniões ou encontros contando com a presença de todos os profissionais, funcionários e gerência do estabelecimento. A finalidade das reuniões (que podem ser semanais, quinzenais ou mensais) é discutir em conjunto e de forma organizada os procedimentos, problemas e demais assuntos da empresa. Durante cada um desses encontros, um profissional seria responsável pela preparação e apresentação de uma conferência sobre um tema específico do seu setor, de sua escolha, promovendo a seguir a discussão sobre o tema em questão. Ao final do período de um ano, cada profissional deverá ter tido a oportunidade de conferenciar ao grupo expondo sua apresentação e seu ponto de vista sobre o tema, ressaltando os pontos essenciais e contribuindo para a continuidade dos programas de qualidade.

Esse tipo de ação em prol da qualidade mantém o quadro de profissionais, dirigentes e demais funcionários a par de todos os acontecimentos de cada setor, além de promover a discussão e interação do grupo. A partir do momento que se responsabiliza cada profissional pela qualidade das atividades realizadas e serviços prestados, surge a consciência da qualidade e, consequentemente, a verdadeira vivência de uma política de qualidade.

12.4 Qualidade, biossegurança e boas práticas

Os campos compreendidos pela biossegurança e pela gestão da qualidade estão unidos um ao outro pelos conceitos de *boas práticas*. As boas práticas constituem, em sentido amplo, o conjunto de ações que permitem materializar no cotidiano o sistema de qualidade da empresa. Essas práticas compreendem, de um lado, o cumprimento das diretrizes e normas para controle dos processos; de outro, as condutas, por parte de todos, para o alcance de um nível satisfatório de segurança diante dos riscos identificados envolvendo o profissional, o cliente e o meio ambiente.

A interpretação de boas práticas e gestão da qualidade demanda estratégias de motivação, participação, comunicação e solidariedade, transcendendo a conotação normativa. Portanto, a criatividade, a liderança e a participação também são boas práticas a serem disseminadas.

> Todo problema de biossegurança torna-se também um problema de qualidade.

O pleno domínio e controle do processo de trabalho da empresa, a eficiência na utilização dos recursos humanos, materiais e financeiros, e a eficácia no alcance dos objetivos são os resultados esperados com a implantação da qualidade total — resultados esses que garantem a satisfação dos clientes e a perenidade da empresa.

Referências Consultadas

▶ Brasil. FNQ (Fundação Nacional de Qualidade). Disponível em: http://www.fnq.org.br. Acessado em novembro de 2009.

▶ Brocka BM, Brocka S. Gerenciamento da qualidade. São Paulo: Makron Books; 1994.

▶ Campos VF. Gerenciamento da rotina de trabalho do dia-a-dia. 8.ed. Belo Horizonte: INDG Tecnologia de Serviços Ltda; 2004.

- Coltro AA. Gestão da qualidade total e suas influências na competitividade empresarial. Caderno de Pesquisas em Administração, São Paulo. v.1. nº 2. p. 61-73. 1º sem. 1996.

- Deming WE, Shewhart WA. American Statistician, v. 21, nº 2, Apr. 1967, p. 39-40.

- Fazano CA. Qualidade: a evolução de um conceito. Banas Qualidade, São Paulo, nº 172, set. 2006.

- Ishikawa K. Guide to quality control. Tokyo: Asian Productivity Organization; 1982.

- Longo RMJ. Gestão da qualidade: evolução histórica, conceitos básicos e aplicação na educação. Brasília: Instituto de Pesquisa Econômica Aplicada; 1996. (Texto para discussão Nº 397). Disponível em: http://www.ipea.gov.br/pub/td/td_397.pdf. Acessado em novembro de2009.

- Martins PG. Administração da produção. 2. ed. São Paulo: Saraiva; 2006.

- Paladini EP, et al. Gestão da qualidade: teoria e casos. Rio de Janeiro: Elsevier; 2005.

- Silva LCO. Balanced scorecard e o processo estratégico. Caderno de Pesquisas em Administração, São Paulo. v. 10, nº 4, p. 61-73, out./dez. 2003.

- Silva GC. O método 5S. Disponível em: http://www.anvisa.gov.br/reblas/procedimentos/metodo_5S.pdf. Acessado em novembro de 2009.

- Sink DS, Tuttle TC. Planejamento e medição para a performance. Rio de Janeiro: Qualitymark Editora; 1993.

- Sink DS. Productivity management: planning, evaluation, control and improvement. New York: John Wiley and Sons; 1985.

- São Paulo. Secretaria do Governo Municipal. Decreto nº 44.577, de 7 de abril de 2004. Regulamenta a Lei nº 13.725, de 9 de janeiro de 2004, que instituiu o Código Sanitário do Município de São Paulo; disciplina o Cadastro Municipal de Vigilância Sanitária e estabelece os procedimentos administrativos de vigilância em saúde. Disponível em: http://ww2.prefeitura.sp.gov.br//arquivos/secretarias/financas/legislacao/Decreto-44577-2004.pdf. Acessado em novembro de 2009.

13

Requisitos Gerais de Boas Práticas para Atuação na Área da Beleza

13.1 Apresentação pessoal e postura profissional

A apresentação pessoal e a postura do profissional da área da beleza são aspectos muito importantes, pois podem revelar, ao primeiro contato, a seriedade e o envolvimento com que o profissional encara seu trabalho e seus clientes.

O profissional da beleza deve apresentar-se ao trabalho:

- sempre asseado, utilizando jaleco ou uniforme limpo;
- com os cabelos presos em sua totalidade, sem mechas aparentes;
- em função da heterogenicidade dos serviços, recomenda-se não usar joias, bijuterias e relógios; caso sejam utilizados, devem ser discretos;

- as mãos devem estar sempre higienizadas;
- as unhas devem estar aparadas, limpas e preferencialmente sem esmalte. O esmalte libera partículas por microfraturas. As reentrâncias dessas microfraturas acomodam sujidades; além disso, não se deve usar unhas postiças;
- usar calças compridas e sapatos fechados;
- não fumar, beber ou comer no local de trabalho;
- os profissionais com lesões cutâneas secretantes ou exsudativas devem evitar contato com o cliente ou utilizar algum tipo de barreira, como curativos ou luvas;
- artigos de uso pessoal devem ser guardados em local apropriado;
- as bancadas de trabalho devem ser limpas ou desinfetadas antes do início dos trabalhos;
- o profissional deve conhecer todas as etapas do seu processo de trabalho e saber como utilizar os materiais que manipula;
- o aparelho celular deve ser desligado durante a jornada de trabalho;
- a atenção e a segurança devem ser constantes;
- caso ocorra qualquer dúvida ou imprevisto o profissional deve procurar a gerência ou o responsável pelo setor ou estabelecimento.

13.2 Especificações arquitetônicas em estabelecimentos de beleza

Um estabelecimento da área da beleza deve ser devidamente planejado, fazendo-se uso de um projeto arquitetônico que leve em consideração as normas e práticas de biossegurança. O espaço físico deverá contemplar ambientes com dimensões compatíveis com as atividades propostas. O dimensionamento dos espaços internos deve atender a uma lógica de organização espacial e funcional, de acordo com os serviços a serem oferecidos.

Primeiramente, deverá ser realizada uma análise criteriosa da organização do ambiente por meio de um fluxograma, a fim de se ter uma estimativa de metros quadrados por setor de funcionamento. Um fluxograma proporciona a visualização da melhor sequência de movimentação exigida no processo de trabalho, além da análise das relações entre as diversas áreas. Elementos organizacionais devem ser agrupados de acordo com suas funções a fim de facilitar a circulação de profissionais e clientes. É importante também atentar para a circulação entre áreas limpas e contaminadas.

A resolução RDC 50 (2002) dispõe sobre o Regulamento Técnico para planejamento, programação, elaboração e avaliação de projetos físicos de estabelecimentos assistenciais de saúde, sendo bastante extensa e voltada para a área da saúde. Entretanto, alguns critérios do regulamento podem ser adaptados para a área da beleza.

Basicamente, um estabelecimento de beleza deverá contemplar as seguintes características arquitetônicas e estruturais:

- o piso deverá ser liso, impermeável, lavável e resistente a saneantes, com o menor número de juntas possíveis;
- as paredes deverão ser revestidas de material liso, resistente, impermeável e lavável;
- o estabelecimento como um todo deve ser bem iluminado e ventilado, com janelas amplas. A iluminação e a ventilação naturais podem ser substituídas ou complementadas por artificiais;
- o sistema de eletricidade deve ser planejado para suprir a demanda de equipamentos a serem instalados. Cada equipamento deve estar ligado a uma tomada e ser devidamente aterrado. Os fios elétricos dos equipamentos e luminárias devem estar em perfeito estado de conservação e não atrapalhar a circulação de pessoas, estando preferencialmente embutidos;
- os sanitários, distintos para clientes e funcionários, deverão conter pia com água corrente, sabonete líquido, lixeira com tampa e pedal e toalha descartável, em bom estado de conservação, organização e limpeza;
- é recomendada a instalação de pia com água corrente, sabonete líquido, toalha descartável e lixeira com pedal em bom estado de conservação, organização e limpeza em todas as salas de procedimentos (estética facial, corporal, serviços de manicure, cabelos, depilação e outros) para a higienização das mãos do profissional antes e após o atendimento ao cliente. Se não houver pia em cada sala de atendimento, deve haver pelo menos um local estrategica-

mente localizado e adequado para a higienização das mãos dos profissionais;

- deve existir local apropriado para limpeza, desinfecção ou esterilização de artigos, provido de pia exclusiva e equipamento para esterilização (estufa ou autoclave), quando for o caso;
- é recomendável que exista local apropriado para o manuseio de produtos químicos como colorações, descolorantes, alisantes capilares e similares. Esse ambiente deve ser bem ventilado, iluminado e provido dos Equipamentos de Proteção Individual (EPIs) necessários;
- deve haver locais específicos para alocação das lixeiras identificadas com os resíduos gerados nos diversos setores do estabelecimento. Também deve existir um local adequado para o armazenamento intermediário dos resíduos especiais (químicos, biológicos e perfurocortantes), enquanto aguardam a coleta por órgão competente;
- é recomendável que haja local exclusivo para guarda dos pertences pessoais dos funcionários, com armários restritos (chaveados), além de vestiários para paramentação contendo cabides para pendurar os jalecos;
- deve haver uma área exclusiva para o armazenamento e manuseio de material de limpeza; essa área deve conter tanque e armário (para guarda de baldes, vassouras, esfregões, panos, produtos de limpeza etc.);
- deve haver um local específico para administração e gerenciamento do estabelecimento, bem como para o armazenamento de documentos;
- deve existir uma área apropriada para estoque de produtos químicos, conforme as características físico-químicas de cada produto (corrosividade, inflamabilidade etc.) e condições especificadas pelo fabricante. O local deve ser protegido de luz intensa e fontes de calor, permanecendo fora do alcance de insetos e roedores. Produtos incompatíveis devem ser armazenados separadamente;
- dependendo do tipo de produto químico utilizado no estabelecimento, o mesmo deverá contemplar uma forma adequada de tratamento de esgoto (afluentes);

- de preferência, os locais destinados a práticas relaxantes (como massagens e banhos) devem ser localizados em espaços privativos, longe do barulho e da agitação da recepção, por exemplo. Se não for possível, é recomendável o isolamento acústico do local, a fim de que a finalidade de descanso e relaxamento desse tipo de tratamento seja alcançada;

- o estabelecimento deve ser provido de Equipamentos de Proteção Coletiva (EPCs). A instalação de extintores de incêndio é obrigatória, mediante avaliação do corpo de bombeiros com relação aos locais apropriados, quantidade e tipos;

- outros EPCs podem ser necessários, como lava-olhos e capelas de exaustão, dependendo dos serviços prestados, dos produtos químicos e equipamentos utilizados no estabelecimento de beleza.

O estabelecimento deve ser sinalizado, ou seja, devem existir meios de identificação dos setores — por exemplo "sala de estética facial", "sala de depilação" etc., a fim de facilitar a circulação de clientes e profissionais. A sinalização não deve estar presente apenas nos setores, mas também nos armários, equipamentos e produtos.

Não deve haver frascos sem rótulos indicativos. A política de sinalização é muito importante dentro de um estabelecimento, pois é essencial para sua organização.

Referências Consultadas

▶ ANVISA (Agência Nacional de Vigilância Sanitária). RDC nº 50, de 21 de fevereiro de 2002: regulamento técnico para planejamento, programação, elaboração e avaliação de projetos físicos de estabelecimentos assistenciais de saúde.

▶ Consultoria técnica em vigilância sanitária. Guia de orientação para estabelecimentos de assistência à saúde. São Paulo: Prefeitura Municipal de São Paulo; 2006. Disponível em: http://www.prefeitura.sp.gov.br/covisa. Acessado em novembro de 2009.

▶ Gryschek ALFPL, et al. Risco biológico: biossegurança na saúde. São Paulo: Olho de Boi Comunicações; 2007.

▶ Oppermann CM, Pires LC. Manual de biossegurança para serviços de saúde. Porto Alegre: PMPA/SMS/CGVS; 2003.

Índice Remissivo